ANNA BÜHLER & CHRISTIAN ALT

Darwin gefällt das

GOLDMANN

ANNA BÜHLER & CHRISTIAN ALT

DARWIN gefällt das

Wie Einsteins Gehirn in einer Lunchbox landete und andere abstruse Einfälle der Menschheit

Mit Illustrationen von Paul Grabowski

GOLDMANN

MIX
Papier | Fördert gute Waldnutzung
FSC® C014496

Penguin Random House Verlagsgruppe FSC® N001967

2. Auflage
Originalausgabe November 2024

Neumarkter Str. 28, 81673 München
produktsicherheit@penguinrandomhouse.de
(Vorstehende Angaben sind zugleich
Pflichtinformationen nach GPSR)

Redaktion: Doreen Fröhlich
Umschlag: Uno Werbeagentur, München
Umschlagmotiv und Illustrationen: © Paul Grabowski
Satz: Satzwerk Huber, Germering
Druck und Bindung: GGP Media GmbH, Pößneck
Printed in Germany
AR · CB
ISBN 978-3-442-14310-8

www.goldmann-verlag.de

INHALT

VORWORT

Alles begann mit einer simplen Frage: Woher wissen wir eigentlich, dass bestimmte Pflanzen giftig sind? Stechpalme, Tollkirsche, Eibe, Eisenhut – wenn man nicht aufpasst, kann man bei einem Nasch-Spaziergang durch den Wald recht schnell das Zeitliche segnen. Heutzutage können wir problemlos die Gifte analysieren, wissen genau, wie sie unser sanftes Nervensystem lahmlegen, unsere Haut reizen und unser Herz zum Stillstand bringen. Aber woher wussten das unsere Vorfahren? Vor vielen, vielen Jahren muss es einmal jemanden gegeben haben, der sich beim Anblick von Eisenhut dachte: »Ach, was für eine wunderschöne Blume – daraus brüh ich mir gleich einen schönen Tee«, nur um sich dann schon beim Pflücken erste Vergiftungen zuzuziehen und wenig später tot umzufallen.

Und auch wenn sich das im Nachhinein als absolut blöde Idee herausgestellt hat: Dieser erste Mensch war ein Pionier! Seine wichtigen Erfahrungen leben weiter in Geschichten, in Mythen, Märchen und Liedern. Über Jahrtausende wurden diese »cautionary tales«, diese warnenden Beispiele, überliefert. Sie sind Grundlage für viele Strukturen in unserer Gesellschaft, für Recht und Moral, erzählen uns, was man nicht machen darf – und was man vielleicht nicht nachmachen sollte.

Diese Grundfrage »Wer war eigentlich der erste Mensch, der giftige Beeren gegessen hat?« hat uns im Jahr 2020 auf die Idee für den Podcast »Darwin gefällt das« gebracht. Wir wollten diese Pioniere der Menschheit feiern, ihre Entdeckungen – auch wenn sie oft dafür mit dem Leben bezahlten – in ihrer ganzen Pracht präsentieren. Ohne Häme, aber dafür mit viel Humor. In über vier Jahren haben wir Geschichten erzählt von Menschen, die mit selbst gebauten Fallschirmen abgestürzt sind, oder die Experimente am offenen Magen durchführen und dabei herausfinden, wie unsere Verdauung funktioniert. Von Brettspielen, die eigentlich Antikapitalismus lehren sollten und dann als *Monopoly* auf den Markt kommen. Von Verjüngungskuren mit implantierten Ziegenhoden. Von Verjüngungskuren mit implantierten Affenhoden. Von Gebär-Wettbewerben, Wal-Explosionen und Sülze-Unruhen.

Kurz: In über 100 Folgen haben wir uns so ziemlich jedem Aspekt des menschlichen Daseins gewidmet. In diesem Buch wollen wir nun nicht nur die besten Geschichten erzählen, sondern auch komplett neue Storys präsentieren. Rund die Hälfte davon hat noch nicht ihren Weg in den Podcast gefunden und wird erst mal hierbleiben. Wir haben uns bemüht, die große thematische Bandbreite unseres Podcasts auch in diesem Buch beizubehalten: bahnbrechende Erfindungen, absurde Selbstüberschätzung und unnötige Tode. Das Einzige, was es nicht ins Buch geschafft hat, ist unsere blöde Lache – die müsst ihr euch leider vorstellen.

Anna Bühler und Christian Alt,
im November 2024

DER FLIEGENDE GARTENSTUHL

oder: Wie Larry Walters versuchte, mit 42 Ballons und einem Stuhl durch die Lüfte zu segeln

Stellen Sie sich kurz folgende Situation vor: Sie fliegen von Los Angeles nach Frankfurt am Main. Es war ein fantastischer Urlaub, Sie haben das Hollywood-Schild gesehen, versucht, beim Villa-Spotting einen echten Prominenten zu erspähen, und am dritten Tag gab's diese unvergleichlichen Fisch-Tacos am Santa-Monica-Pier, von denen Sie Ihren Liebsten noch die nächsten Jahre erzählen werden. Aber jetzt ist der Urlaub vorbei, Sie sitzen halbwegs gemütlich auf Ihrem Sitz, haben sich schon einmal durch das Entertainmentprogramm geklickt, und Ihr Sitznachbar hat sogar schon seine verdammten Sneaker ausgezogen.

Ein ganz normaler Flug also. Während Sie gerade überlegen, wann Sie die nächste strategische Pinkelpause einlegen, um danach vielleicht schlafen zu können, schauen Sie aus dem Fenster. Zuerst denken Sie, Sie hätten etwas im Auge. Aber nein ... Da am Himmel ist wirklich etwas, das da nicht sein sollte. Sie kneifen die Augen zusammen. Kann das sein? Nein, bestimmt nicht. Sie stupsen Ihren Nachbarn an, der soll sich das auch mal anschauen. Er blickt ebenfalls aus dem Fenster, und ihm klappt die Kinnlade runter. »Das ist ... Also das ist ja ...«, sagt er. »Ein Mann im Gartenstuhl, genau. Getragen von jeder Menge Ballons«, vervollständigen Sie den Satz. Sie sind fassungslos. Auch die Piloten sehen den Mann im Klappstuhl und setzen den legendären Funkspruch ab: »Hier ist T.W.A. 231, auf einer Höhe von 16 000 Fuß. Wir haben einen Mann in einem Stuhl, der an Ballons befestigt ist.«

Es ist der 2. Juli 1982, da startet der Lkw-Fahrer Larry Walters zu einer der absurdesten Ballonfahrten der Menschheitsgeschichte. Walters versucht, nur mit einem Gartenstuhl und 42 Heliumballons ein eigenes Fluggerät zu bauen. Und hat damit Erfolg. Na ja, zumindest teilweise.

Ganz vernarrt nach Ballons ist Larry schon, seit er klein ist. »Als ich etwa acht oder neun Jahre alt war, wurde ich nach Disneyland mitgenommen. Als wir reinkamen, stand da eine Frau, die scheinbar eine Million Micky-Maus-Ballons in der Hand hielt, und ich sagte: ›Wow!‹«, erzählt Larry nach seinem Flugversuch der Zeitschrift *New Yorker*. Dieser Micky-Maus-Moment war der Auslöser für seine Faszination. In seiner Schulzeit beginnt er mit Experimenten mit kleinen Wasserstoffballons – an diese bindet er Nachrichten und hofft, dass der Ballon ganz weit fliegt. Eine Antwort bekommt er nie. In akademische Erfolge kann er seine Ballonliebe leider nicht ummünzen. In der Highschool nimmt er an einer Art *Jugend-forscht*-Wettbewerb teil. Sein Thema natürlich: Wasserstoffballons. Larry bekommt eine Vier.

Die Idee, dass man nicht nur Briefe per Ballon verschicken kann, sondern vielleicht sogar einen Menschen, die hat er, als er als Jugendlicher einen Army Store besucht. Hier hängt nämlich ein riesiger Wetterballon an der Decke. Die tragen normalerweise halbwegs schwere meteorologische Messgeräte. Larry gerät sofort ins Träumen. Was wäre, wenn man nur genug von diesen Wetterballons hätte? Für ihn steht fest: »Ich musste ein paar dieser dicken Dinger in die Hände kriegen.«

Larry Walters wäre wahrscheinlich schon eher mit 42 Ballons in die Lüfte gestiegen, aber in den 70er-Jahren kommt ihm Vietnam dazwischen. Während er in der Feldküche Suppen rührt oder Burger brät, denkt er ständig an seinen Traum.

1982 soll es dann endlich so weit sein. Inzwischen ist Larry wohlbehalten aus dem Krieg zurückgekehrt, arbeitet als Trucker und lebt mit seiner Lebensgefährtin Carol in Kalifornien. Die weiß schon länger von seinem Traum und hält ihn mit allen Kräften davon ab. Es ist ja auch vielleicht nicht die allerschlauste Idee. Aber nach Jahren des Nörgelns muss auch Carol einsehen: Ihr Larry ist nicht zu stoppen. Als sie grünes Licht gibt, beginnt Larry sofort mit den Planungen. Der Ort: ein McDonald's in San Bernardino, Kalifornien. Larry ritzt die erste Blaupause seines Fluggeräts mit einer Münze in die Papiertischdecke. Carol hat jedoch eine Bedingung: Bevor er wirklich losfliegt, soll er einen Fallschirmsprung absolvieren. Denn im Notfall wird er auch mit einem Fallschirm abspringen müssen. Carol erhofft sich insgeheim, dass Larrys Traum vom Fliegen nach diesem Sprung vielleicht gar nicht mehr so dringlich ist.

Und Larry? Lässt sich von dieser Bedingung natürlich nicht aufhalten. Er macht den Fallschirmsprung und ist begeistert. Sofort kauft er sich selbst einen Fallschirm und plant weiter an seinem Fluggerät. Wobei nicht genau klar ist, was es da zu planen gibt. Denn sein Traumflugzeug umfasst ja eigentlich nicht mehr als ein paar Dutzend Ballons. Zum Vergleich: Eine Boeing 747 besteht aus etwa sechs Millionen Einzelteilen. Die Frage, die er aber noch nicht geklärt hat: Woran macht er die Ballons fest? Soll er sich vielleicht einen Ballonanzug bauen, der aus lauter kleinen Ösen besteht, in die man die Ballonschnüre verknotet? Oder wie wär's mit einem Ballonfahrrad, vielleicht kann man irgendwie die Richtung bestimmen, wenn man in 1,5 Kilometer Höhe nach links lenkt? Oder vielleicht muss sein Ballonfahrzeug selbst ein riesiger Ballon sein? Falls er dann beim Abflug in ein Gebäude crasht, befindet er sich schon in einem Airbag und bricht sich nichts.

Das Fluggerät, das Larry schlussendlich baut, kann man heute noch im National Air and Space Museum in Washington, D.C., besichtigen. Auf einer überwältigenden Ausstellungsfläche lassen sich dort die Highlights amerikanischer Flugingenieurskunst bewundern: In einem Gang hängt ein Rettungshubschrauber von der Decke, in einer anderen Ecke steht ein großer Learjet und woanders wiederum ein Wasserflugzeug. Und irgendwo ganz hinten ist in mehreren Metern Höhe Larry Walters Gartenstuhl zu sehen. Es ist noch nicht einmal ein schöner Gartenstuhl, vielleicht einer aus Teak-Holz mit einem dicken gemütlichen Polster. Nein, es ist ein Metallrahmen mit Gurtbandbespannung, ein Stuhl, bei dem man schon beim Aufstellen hofft, dass er einen Sommer durchhält. Links und rechts vom Stuhl hat Larry je sechs große Wasserkanister befestigt. Die sorgen für Ballast und können im Notfall auch abgeworfen werden, um schnell an Höhe zu gewinnen. An die Nachbarn in Los Angeles, denen dann womöglich eine vier Kilo schwere Wasserbombe durchs Dach regnet, denkt er im ersten Moment nicht. Am Metallrahmen sind außerdem noch vier Schnüre vertäut, die über dem Stuhl in einem Punkt zusammenlaufen. Wobei »vertäut« das falsche Wort ist – leider fehlt das Fachwort für »Schnüre schnell mit Gaffertape an einem Rahmen festkleben und beten, dass es hält«. Das war's schon – fertig ist Larry Walters Fluggerät. Oder wie er sein Gefährt nennt: *Inspiration 1.*

Was nicht in der Ausstellung zu sehen ist: die restliche Ausstattung von Larry. Auf seine Ballonfahrt nimmt er noch mit: ein Funkgerät, einen Höhenmesser, einen Handkompass, eine Taschenlampe, Ersatzbatterien, einen Verbandskasten, ein Taschenmesser, eine Straßenkarte von Kalifornien, einen Fotoapparat und als Proviant: eine Packung Beef Jerky und zwei Liter Coca-Cola. Stay hydrated. Außerdem braucht er noch ein Luftgewehr. Denn während die Wasserkanister die Absicherung für einen Sinkflug sind, muss er auch das andere Extrem bedenken: Was, wenn er zu hoch fliegt? Dann schießt er einfach die Ballons ab. Das Wichtigste fehlt natürlich noch: die Ballons. Hier kommt Larry auf 42 Ballons mit einem Durchmesser von drei Metern. Um die aufzupusten, braucht er 55 Heliumflaschen. Die ganze Ausrüstung kostet ihn 4000 Dollar.

Larrys Flugzeug – mit Betonung auf *Zeug* – ist innerhalb kürzester Zeit zusammengebaut. Jetzt fehlt nur noch so etwas wie ein Flughafen, ein Ort, von dem aus die Reise losgeht. Er dachte eigentlich an die Mojave-Wüste, da stört er niemanden. Aber die Mojave ist mehrere 100 Kilometer entfernt – man müsste erst mal das ganze Gerät dorthin karren. Allein für die Heliumflaschen bräuchte man einen eigenen Lkw. Also hat Carol eine Idee: Wieso machen wir den Testflug nicht bei meiner Mutter im Garten? Da müssen wir nicht so viel schleppen, und außerdem weiß ich genau, wie ich zum nächsten Krankenhaus komme, wenn beim Start was Schlimmes passiert.

Larrys Plan ist es, sich von den Winden über L.A. bis in die San Gabriel Mountains und die Mojave-Wüste tragen zu lassen. Jetzt sollte man aber dazusagen: Larrys Schwiegermutter lebt in San Pedro. Das liegt am südwestlichen Zipfel der Stadt, direkt neben Long Beach. Der Großraum Los Angeles ist riesig, und wenn Larry seinen Plan in die Tat umsetzen will, muss er erst einmal mehr als 50 Kilometer Luftlinie nach Nordosten fliegen, um Los Angeles hinter sich zu lassen. Auf dem Weg hat er immerhin einen schönen Überblick – es geht von Long Beach über Downtown L.A. und das berühmte Griffith Observatory in die San Gabriel Mountains. Ab der Hälfte könnte er auch das Hollywood Sign sehen. Eine schöne Route, aber so ziemlich das

Gegenteil der menschenleeren Mojave-Wüste. Und eine ganz schön lange Strecke für einen Mann in einem Plastikstuhl.

Die Nachbarn von Larrys Schwiegermutter werden sich am Vorabend des Flugs gewundert haben. Denn seit abends bläst dieser im Garten die riesigen Ballons auf. Wer den Pixar-Film *Up!* gesehen hat, in dem ein Rentner sein Haus mit einer riesigen Anzahl an Ballons zum Wegfliegen bringt: So ungefähr sieht es bei Larrys Schwiegermutter aus. Natürlich interessiert das auch die Polizei, die wissen will, wieso das Grundstück einer älteren Dame einem Vergnügungspark ähnelt. »Ach, wir drehen hier morgen so einen fetten Werbespot«, sagt Larry. Im Jahr 1982 genügt diese Ausrede, um sämtliche Nachforschungen zu beenden, Larry und Carol können weiter ungestört die Ballons aufpusten.

Fährt man am Morgen des 2. Juli am Haus von Larrys Schwiegermutter vorbei, sieht man eine riesige Traube aus Ballons. Knapp 21 Meter hoch und 15 Meter breit ist die Konstruktion – im Garten ist kaum noch Platz. Larry hat die Ballons, die jetzt in knalligen Farben über der Siedlung schweben, nicht nur fest im Boden verankert, sondern auch noch an einem Auto festgebunden. Nur so hebt er nicht sofort ab. Eigentlich sollte der Flug um 9:45 Uhr losgehen, aber in letzter Sekunde fällt Larry ein, dass er ja auch auf hohe See hinaustreiben könnte. Also schickt er einen Freund in einen Army Supply Store, um eine Schwimmweste zu kaufen. Wir sind hier ja schließlich bei Profis.

Um 10:30 Uhr geht es los. Larry gibt Carol einen Abschiedskuss und setzt sich in seinen Gartenstuhl. Wobei das für Larry hier nicht nur ein gewöhnlicher Gartenstuhl ist, es ist der Pilotensitz der *Inspiration 1*, und er fliegt sie jetzt zur Jungfernfahrt. Der Traum vom Ballonfliegen, der ihn seit mehr als 20 Jahren verfolgt, er wird in dieser Sekunde Wirklichkeit. Die Funkgeräte von Larry und Carol werden angeschaltet, die Verankerungen gelöst; Larry weiß genau, was jetzt passieren wird: Er wird knapp 100 Meter locker aufsteigen und dann kontrolliert das Seil zum Auto kappen. Dann nur noch ein paar 100 Kilometer nach Nordwesten, fertig ist der Jungfernflug. Aber was Larry in seinen McDonald's-Tischdecken-Notizen nicht bedacht hat: den enormen Auftrieb von 42 Heliumballons. Jeder Ballon allein hat schon einen Auftrieb von 5,5 Kilogramm, 42 von ihnen heben locker eine Vierteltonne. Larry steigt also viel zu schnell, das Sicherungsseil zum Auto spannt sich ... und reißt in Sekundenschnelle. Sein Stuhl gerät ins Schwanken, es reißt ihm die Brille vom Kopf, und ein Teil seiner Ausrüstung fällt vom Stuhl zurück in Schwiegermutters Garten.

Larry steigt und steigt, wird immer kleiner am Himmel. Carol kann ihn kaum noch erkennen und funkt sofort durch: »Larry, komm runter!« Der funkt den beruhigenden Satz zurück: »Mach dir keine Sorgen, mir geht es gut. Ich fahre durch eine dichte Nebelschicht.« Und das mit der Brille sei auch nur halb so schlimm, denn er habe immer noch seine Sonnenbrille dabei. Recht rasant lässt er die Nebelschwaden hinter sich und steigt auf eine Höhe von 500 Metern, die Sonne kommt raus, es hat knapp 25 Grad an diesem Tag. Für Larry ist es genau so, wie er es sich immer vorgestellt hat: Von hier oben sieht alles so klein aus: der Strand von Long Beach, die Wasserflugzeuge am Hafen, sogar bis Catalina Island kann er sehen. Der nächste Funkspruch: »Larry, alle hier unten sagen, du sollst die Ballons abschneiden und jetzt runterkommen.« Für Larry ein absolutes No-Go, er hat hier oben die Zeit seines Lebens, während sein Ballongefährt immer höher steigt. Aber was ist das? »Irgendwann sah ich ein kleines Privatflugzeug«, erzählt Larry später, »ich konnte das *Bzzz* des Propellers hören – das einzige Geräusch.« Das Flugzeug befindet sich aber nicht über, sondern schon *unter* ihm. Er weiß, dass er inzwischen im Luftraum des örtlichen Flughafens ist, doch ihn stört das nicht. Hat er denn kein Recht, hier zu sein? Er ist Larry Walters, Pilot der *Inspiration 1*, eines echten Flugzeugs, wie er gerade beweist.

Doch das sehen nicht alle so. Zurück im Flieger vom Anfang geben die Piloten ihren besorgten Funkspruch durch: »Hier ist T.W.A. 231, auf einer Höhe von 16 000 Fuß. Wir haben einen Mann in einem Stuhl, der an Ballons befestigt ist.« Immer mehr Meldungen gehen bei der Luftaufsichtsbehörde ein, der wird bald klar: Es gibt hier ein echtes Problem. Und das heißt Larry Walters.

Der wiederum bekommt von alldem nichts mit. Er steigt höher und höher und sieht sich begeistert die Landschaft an. An die Kamera, die er dabei hat, denkt er nicht: »Dieser Augenblick sollte nur mir gehören, ich wollte nur die Erinnerung daran besitzen – die war lebensecht genug.« Angst hat er keine – Larry sitzt da in seinem Stuhl, die Sonnenbrille auf der Nase, und ist ganz mit sich im Reinen.

Aber so fantastisch die Erfahrung ist, langsam merkt Larry schon, dass die Luft immer dünner wird. Auf 4500 Metern will er in den Sinkflug übergehen. Dafür muss er sieben Ballons zerschießen. In fast fünf Kilometern sitzt Larry Walters also sonnenbebrillt auf einem Gartenstuhl und legt das Luftgewehr an. Er kneift ein Auge zu und schießt. Als die sieben Ballons platzen, verliert er tatsächlich an Höhe. Alles läuft nach Plan. Zufrieden will Larry gerade sein Gewehr wieder verstauen, doch dann kommt ein heftiger Windstoß, der ihm das Gewehr aus den Händen reißt, es fällt fünf Kilometer in die Tiefe. »Ich dachte: Oh, oh, jetzt hast du es geschafft. Warum hast du es nicht festgeschnallt? Ich hatte für fast alles ein Back-up. Ich hatte sogar Ersatzbatterien für den Fall, dass sie mir ausgingen, Ersatz-CO_2-Zylinder für die Waffe. Es ist mir nie in den Sinn gekommen, dass ich die Waffe selbst verlieren könnte.«

In den Anhörungen bei der Luftfahrtbehörde werden Analysten später aussagen, dass diese sieben geplatzten Ballons Larry das Leben gerettet haben. Denn wäre ihm das Gewehr vorher aus der Hand gefallen, wäre er immer weiter aufgestiegen, bis ans Ende der Stratosphäre. Und dann dort erfroren.

Zwar haben sieben geplatzte Ballons das Schlimmste verhindert, aber Larrys Situation ist nach wie vor alles andere als rosig. Sein Flugzeug hat immer noch so viel Auftrieb, dass er auf gemütlichen 4800 Metern über die Stadt cruist. Larry behauptet zwar steif und fest: »Ich wusste ganz genau, was ich da tue«, ihm ist inzwischen aber doch ein bisschen kalt. Minus 15 Grad Celsius hat es dort oben, und Larry hat noch nicht mal eine Jacke an. Seine Zehen werden taub. Er ist kurz davor, sich aus dem Stuhl fallen zu lassen und den Fallschirm zu benutzen.

Doch so langsam bewegt sich der Höhenmeter wieder in Richtung Erde, aus manchen seiner Ballons entweicht Helium. Bei etwa 3900 Metern kommt ein Funkspruch auf seinem Gerät an, es ist ein Mitarbeiter einer Rettungseinheit:

»Hallo, hallo! Von welchem Flughafen sind Sie gestartet?« Larry antwortet mit der Adresse von Carols Mutter: 1633 West Seventh Street, San Pedro. Der Flughafen des kleinen Mannes. Es dauert ein wenig, bis das Rettungsteam wirklich verstanden hat, was hier vor sich geht. Dass Larry keine Starterlaubnis hat, dass er sein Flugzeug selbst gebaut hat, dass er in einem Gartenstuhl sitzt. Er gibt die Größe und Farbe seiner Ballons durch – sagen wir mal so: Schwer zu übersehen ist er ja nicht. Der Boden kommt während alldem immer näher, irgendwann kann Larry wieder Hunde bellen hören, vernimmt er Radiogeplapper und Menschen, die sich unterhalten. Er gibt noch einen Funkspruch durch: »Sagt Carol, dass ich sie liebe und dass es mir gut geht. Bitte, over.«

Larry ist inzwischen dem Boden sehr nah. Er wird nicht in der Mojave-Wüste oder sonst wo in einer menschenleeren Gegend landen, sondern mitten in einer belebten Straße. Und je näher er dem Boden kommt, desto klarer wird, wo genau das sein wird. Die *Inspiration 1* steuert nämlich geradewegs auf eine Stromleitung zu. Mit einem metallenen Kreischen rasselt er in die Leitung, sein Gefährt verheddert sich. Nun hängt er wie eine Christbaumkugel mehrere Meter über der Straße, gleich neben einem Wohnhaus. Die haben morgens wahrscheinlich auch nicht damit gerechnet, dass ein mittelalter Truckfahrer in einem Ballongefährt vor ihrem Haus landen wird. Ironischerweise ist der Bewohner des Hauses selbst Pilot.

Aber Larry ist wohlauf. Rettungskräfte, alle möglichen Nachbarn und natürlich Carol eilen zu ihm. Damit man ihn aber dort runterschneiden kann, muss die Feuerwehr den Strom im gesamten Viertel abstellen. Erst dann kann er mit einer Leiter rausgeholt werden – der Jungfernflug der *Inspiration 1* ist beendet. Larry hat seinen Lebenstraum erfüllt und ist tatsächlich unbeschadet auf dem Boden gelandet. Anders als im Urlaubsflieger von Paderborn-Lippstadt nach Heraklion klatscht jedoch niemand bei der Landung – Larry wird festgenommen und von der Luftaufsichtsbehörde verhört. Die will ihm eine Strafe von 4000 Dollar aufbrummen, doch Larry legt Widerspruch ein. Ein Gericht entscheidet zu seinen Gunsten, er muss nur 1500 Dollar Strafe zahlen, Begründung: Der Vorwurf des »Führens eines zivilen Fluggefährts ohne Flugzulassung« sei nichtig, weil ein Gartenstuhl keine Zulassung benötige. Das System ausgedribbelt.

Und zumindest nach außen hin läuft es nach der Jungfernfahrt super für Larry. Er wird in die *Late-Night-Show* von David Letterman eingeladen, muss Autogramme auf kaputten Luftballons geben und bekommt vom Darwin-Award, dem Preis, der jedes Jahr den dümmsten Tod auszeichnet, eine lobende Erwähnung.

Doch hinter der Fassade bröckelt es. Larrys Leben nimmt ein tragisches Ende. Er und Carol leben sich auseinander. Larry versucht seinen kurzzeitigen Ruhm in eine Karriere als Motivationstrainer zu überführen, aber scheitert damit. Im Alter von 44 Jahren – elf Jahre nach seiner Ballonfahrt – begeht Larry Selbstmord.

Auch wenn seine Ballonidee wahnwitzig, lebensgefährlich und sehr dumm war: Wir können nicht anders, als Larry Walters zu bewundern. Die Leben der meisten von uns sind sehr gewöhnlich. Wenn wir Glück haben, gehen wir morgens zu einer Arbeit, die wir halbwegs erträglich finden, bringen abends die Kinder ins Bett und schlafen dann beim Münster-*Tatort* ein. In den Urlaub geht's von Paderborn-Lippstadt nach Heraklion. Und tatsächlich liegt in so einem ganz normalen Leben auch eine große Schönheit. Menschen wie Larry Walters, ein Trucker mit einem Traum, beweisen uns, dass es auch anders ginge, wenn man sich denn nur traut. Vielleicht sollten wir alle ein bisschen mehr sein wie Larry Walters: Ohne Jacke bei minus 15 Grad über den Wolken schweben und einfach die Aussicht genießen.

STUHLKRISE

oder: Wie ein Pfuscher versuchte, Krankheiten durch übermäßigen Stuhlgang zu heilen

Die Geschichte der Medizin kennt ja einige angebliche Wundermittel. Da wäre zum Beispiel Mumia, ein Pulver aus ägyptischen Mumien, das vor allem gegen Kopf- und Magenschmerzen eingesetzt wurde. Als der Handel mit Mumia in der frühen Neuzeit explodierte, konnten nicht genug ägyptische Mumien herbeigeschafft werden, was dazu führte, dass herkömmliche Tote nachträglich mumifiziert wurden – nur um sie dann zu Pulver zu zerreiben und dann in Tablettenform zu pressen. Oder noch ein Beispiel: Im Mittelalter waren Menschen davon überzeugt, dass in Fröschen große heilende Kräfte schlummern. Sie haben Fieber? Legen Sie sich einen Frosch auf den nackten Körper. Ihre Kuh gibt keine Milch mehr? Nähen Sie einen Frosch auf den Kopf der Kuh. Zahnweh? Spucken Sie ins Maul eines Frosches und fragen Sie ihn lieb, ob er ihre Zahnschmerzen annimmt.

Was all diese Mittelchen und Aberglauben gemeinsam haben: Sie sind vielleicht ein bisschen eklig, aber einen wirklichen Schaden richten sie nicht an. Ganz anders ist das bei der Wunderdroge, die James Morrison erfunden hat. Er preist im 19. Jahrhundert nämlich ein selbst entwickeltes Wundermittel an, das jede erdenkliche Krankheit heilen soll, von Migräne,

Impotenz und Bauchschmerzen über Tuberkulose bis hin zu Krebs. Alles, was es dazu braucht, ist das kleine Mittelchen von James. Wie es wirkt? Ach, ganz einfach eigentlich ... Man nimmt es ein und bekommt dann so starken Durchfall, dass man mehrere Tage nicht mehr von der Toilette kommt. Danach ist der Krebs geheilt und die Migräne verschwunden. James Morrison ist überzeugt: Sein Abführmittel ist der Schlüssel zu einer langen Gesundheit. Blöd nur, dass seine Patient:innen so sehr auf den Pott müssen, dass sie an Morrisons Wunderpille sterben. Sie – bitte entschuldigen Sie die Ausdrucksweise – scheißen sich förmlich zu Tode.

Einen medizinischen Hintergrund hat James nicht, als er 1822 die Abführpille erfindet. Der gebürtige Schotte ist zu diesem Zeitpunkt schon 52 Jahre alt und blickt auf eine lange Karriere als Händler zurück, von Delhi bis Riga hat ihn sein Beruf in jeden Winkel der Welt getragen. Aber immer wieder zwingen ihn gesundheitliche Probleme zu längeren Stopps – besonders Verstopfung ist ein echtes Problem für ihn. In jedem Land sucht er nach Mittelchen, lokalen Durchbrüchen der Medizin, die ihm vielleicht helfen könnten. Als er durch Südostasien kommt, entdeckt er einen Farbstoff, der ihm auf Anhieb gefällt: Gamboge, auch Gummigutta genannt, ein dunkelsenfgelbes Pulver, das aus dem Harz von Garcinia-Bäumen gewonnen wird. Das satte Gelb sieht man damals vor allen Dingen in der Naturmalerei – zusammen mit Indigoblau ergibt es wunderschöne Grüntöne. Nun sind aber wenige auf die Idee gekommen, Gummigutta ins Essen zu mischen, denn durch den hohen Harzanteil wirkt die Substanz stark abführend. »Wie viel schlimmer kann es denn noch werden?«, denkt sich offenbar James Morrison und rührt aus dem die Schleimhäute verätzenden Stoff eine Art »Gemüsepille« zusammen. Das kann man sich ein bisschen vorstellen wie einen Miniaturbrühwürfel. Leicht herzustellen und schwer zu verdauen. Abends vor dem Schlafengehen wirft er sich eine Pille ein, entleert sich und trinkt morgens zur Erfrischung ein Glas Limonade. Danach ist alles tutti paletti.

Der Amateur-Apotheker Morrison glaubt, dass die meisten Krankheiten von einer Unreinheit des Blutes herrühren. Durchfall sieht er als Methode, das Blut wieder sauber zu bekommen, komplett zu entschlacken. Solch eine Darm-Revolution kann der Mittfünfziger natürlich nicht für sich behalten – seinem Umfeld preist er die Pille als Universalmedizin an. Ab 1825 beginnt auch der Vertrieb der flotten Ottos, zunächst als »vegetable universal medicine«, später als »Morrison's pills«. In den 30 Jahren als fahrender Händler hat Morrison gelernt, wie wichtig gute Werbung ist – und so lässt er aggressiv plakatieren. Dabei ist ihm kein Werbeclaim groß genug. In einer Karikatur aus der Zeit wird Morrison auf die Schippe genommen: In ihr stehen sich zwei Männer gegenüber, einer von ihnen hat Beinprothesen und muss auf Krücken gehen. Er fragt den anderen: »Sag mal, wo sind denn deine Prothesen hin?«, woraufhin der erwidert: »Die brauch ich nicht mehr. Gestern, musst du wissen, habe ich eine Packung Morrisons Universal-Gemüsepillen gekauft. Ich habe sie alle genommen, bevor ich ins Bett ging, und als ich morgens aufwachte, um die Decke wegzukicken, verdammt soll ich sein, wenn ich nicht diese zwei richtig guten Beine gefunden habe.« Tatsächlich nehmen Morrisons Kund:innen seine Hosen-Harakiri-Pillen zu allen möglichen Anlässen, ein bisschen Durchfall hat noch niemandem geschadet, so die gängige Sicht. Morrison wird in der Zwischenzeit mit seiner Erfindung immer reicher – 1828 eröffnet er eine eigene Art Apotheke in London, um dort die Pillen zu verkaufen, das »British College of Health«.

Nun ist die ganze Abführerei aber nicht so harmlos, wie viele denken. Zudem Morrison keine genauen Gebrauchshinweise gibt, in welcher Situation man die Pillen vielleicht besser nicht nehmen sollte. Auch schreibt er nirgends, was die richtige Dosis sei. Eine? Zwei? Ein Dutzend? Morrison ist der Meinung »viel hilft viel« und empfiehlt, so viele wie irgend möglich einzuwerfen. Die Folge: Immer mehr Menschen fallen den Wunderpillen zum Opfer. Zum Beispiel stirbt ein 15-jähriges Mädchen unter »entsetzlichen Qualen« – sie hatte zuvor jeden Tag eine der Pillen eingenommen. Morrison war überzeugt, dass es auch sein könne, dass es erst mal schlechter werden müsse, bevor es besser wird. Diesen fachlichen Ratschlag gibt er auch seinen Mitarbeitern mit, die ab den 30er-Jahren des 19. Jahrhunderts seine Medizin in Europa vertreiben. Ein Ratschlag mit tödlichen Konsequenzen.

Im Jahr 1836 sucht der Soldat John Mackenzie Hilfe bei einem Angestellten von Morrison. Mackenzie habe sich das Knie angestoßen und leide unter leichten Schmerzen. »Ganz klar, was wir da machen müssen: Durchfall«, sagt Morrisons Mitarbeiter. Er verschreibt dem Soldat 1000 Pillen, die er im Laufe der nächsten 20 Tage nehmen solle. Danach wären die Schmerzen wie verflogen. Ein paar Tage später ist Mackenzie tot – er hat 76 Pillen auf einmal genommen, in der Hoffnung, dass er sein Knie gesunddefäkieren kann. Mehr als zwölf Tode gehen auf die Kappe von James Morrison.

Sein Mitarbeiter wird festgenommen und wegen Totschlags angezeigt. Morrison selbst jedoch kommt immer wieder davon. Das liegt auch daran, dass seine Gegner auch nicht wirklich bessere Ideen haben: Morrison bewirbt seine Schüsselsprinttherapie nämlich als ernst zu nehmende Alternative zum Aderlass. Der war damals die gängige Methode gegen alle möglichen Krankheiten und hat ebenfalls nicht selten zum Tod geführt. Als Morrisons Feinde eine Kampagne gegen ihn starten, konzentrieren sie sich deshalb nicht auf die Tödlichkeit seiner Pillen, sondern lachen darüber, dass »Gemüse« in dem Wundermedikament steckt. Auf Karikaturen wachsen Morrisons Patient:innen Kohl- und Salatköpfe aus dem Körper. Dass diese sich aber in Wirklichkeit zu Tode scheißen, wird nicht erwähnt. So kommt es, dass der Arzt, der keiner ist, ein Vermögen von inflationsbereinigt knapp 70 Millionen Dollar anhäufen kann. Er stirbt mit 70 Jahren als reicher – und wahrscheinlich komplett entleerter – Mann.

DER TORONTO-FENSTERSTURZ

Die Top fünf der unnötigsten Tode: Garry Hoy

Vielleicht kennen Sie das Konzept des Partytricks. Vielleicht haben Sie sogar einen. Vielleicht können Sie ein Bier mit der Augenhöhle öffnen, die ersten zehn Nachkommastellen von Pi aufzählen oder mit der Zunge Ihren Ellenbogen ablecken (na, klappt's?). All das konnte Garry Hoy, soweit wir wissen, nicht. Aber er hatte sowieso einen viel besseren Gag in der Tasche.

1979 ist der 25-jährige Garry Hoy da, wo er schon immer sein wollte. Er ist erfolgreicher Anwalt in einer der größten Kanzleien in Toronto, bei Holden Day Wilson. Und er arbeitet im höchsten Wolkenkratzer der Stadt. Garry liebt moderne Bauten, Hochhäuser ganz besonders. Die Kolosshaftigkeit und Robustheit dieser Gebäude übt eine ganz spezielle Faszination auf ihn aus.

Die Kanzlei befindet sich im 24. Stock des Toronto-Dominion Bank Tower im Finanzviertel Torontos. Nach seiner Fertigstellung Ende der 60er ist der Tower mit gut 222 Metern das höchste Gebäude Kanadas und das stolze neue Aushängeschild der Stadt. Ludwig Mies van der Rohe, einer der berühmtesten Architekten des Modernismus, hat bei diesem Bau höchstselbst mitgeplant.

Sein Büro mit der großen Fensterfront, von wo aus er über Toronto thront, liebt Garry ganz besonders. Andere bekommen angesichts der Tiefe – gut 70, 80 Meter geht's hinter der Scheibe runter – Höhenangst, Gary hingegen lehnt sich gern gegen das Glas. Manchmal lässt er sich sogar leicht dagegenfallen. Er weiß, wie viel technische Raffinesse im Bau eines solchen Hochhauses steckt, und vertraut vollkommen darauf, dass alles hält. Als studierter Ingenieur weiß er ja: Alles nur Mathematik – und die ist verlässlich.

In seiner Firma ist Garry Hoy beliebt. Ein Kollege beschreibt ihn in einem Zeitungsinterview als einen der »schlauen Köpfe« der Firma, in der immerhin rund 200 Leute arbeiten, und als einen einfach »super netten, großzügigen Kerl«. Garry Hoy liebt es außerdem, sein Umfeld zu entertainen. In den Jahren seiner Tätigkeit bei Holden Day Wilson entwickelt er seinen persönlichen kleinen Partytrick. Ob vor Kolleg:innen oder Besucher:innen, immer wieder führt Garry Hoy vor, wie blind er der Beständigkeit der Scheiben des Wolkenkratzers vertraut. Und es ist ohne Frage beeindruckend: Denn Garry lehnt sich nicht mehr nur dagegen, mittlerweile hat er seinen Trick um eine gute Schippe mehr Nervenkitzel aufgemotzt. Vor allen, die es sehen wollen oder auch nicht, rennt er mit Anlauf auf das Fenster zu und wirft sich mit Schmackes dagegen. Tadaaa! Was für ein Stunt! Alle lachen.

Am Freitag, dem 9. Juli 1993, steht Besuch im Hause Holden Day Wilson an. Eine Gruppe Jura-Student:innen ist da, um mal zu sehen, wie die Arbeit in einer echten Anwaltskanzlei so abläuft. Garry Hoy ist auch dabei. Und man kann ahnen, was nun passiert. Klar, Garry will seinen Partytrick demonstrieren. Was genau ihn dazu motiviert, darüber kann man nur spekulieren. Vielleicht geht es ihm wirklich darum, die Robustheit dieses beeindruckenden Bauwerks unter Beweis zu stellen. Vielleicht will er auch einfach nur, dass die jungen Studis ihn für einen geilen Typen halten.

Man kann sich vorstellen, wie Garry die Truppe stolz durch die Kanzlei führt, in der er nun schon mehr als ein Jahrzehnt arbeitet ... Vielleicht macht er hier und da ein paar Jokes, um die Meute bei Laune zu halten. Vielleicht ist er auch schon aufgeregt und freut sich auf die staunenden Gesichter, wenn er zum Grande Finale an der Glasfassade ausholt.

Gegen 17:30 Uhr ist es so weit. Die Gruppe hat sich in einem der Zimmer mit Blick über Toronto versammelt, und Garry sagt so was wie: »Jetzt passt mal auf ...« Er nimmt ein wenig Anlauf und wirft sich mit seinen knapp 75 Kilo Körpergewicht gegen die Scheibe. Er prallt ab, nix passiert! Warum Garry jetzt tut, was er tut, ist unklar. Aber er denkt sich wohl, »doppelt knallt besser«. Garry nimmt nämlich noch mal Anlauf, rennt auf das riesige Fenster zu, springt ab – und fällt mitsamt der Scheibe 24 Stockwerke in die Tiefe. Garry Hoy landet im Innenhof des Hochhauskomplexes und ist sofort tot.

»Corporate lawyer plunges 24 floors to death«, steht am folgenden Tag in der Samstagsausgabe der kanadischen Tageszeitung *Toronto Star*. Viele Kolleg:innen sind noch in Schockstarre und trauern um Garry. Die, die dabei waren, bekommen psychologische Betreuung. Und natürlich fragen sich alle: Wie konnte das passieren? »Ich kenne keine Sicherheitsvorschrift, die es einem 160 Pfund schweren Mann erlauben würde, gegen ein Glas zu rennen«, wird ein Bauingenieur zitiert. Dabei ist das Glas nicht mal zersprungen – es ist einfach mitsamt Garry aus dem Rahmen gefallen.

Genau genommen muss man also sagen, dass Garry seinen Punkt bewiesen hat. Auch wenn der Rahmen nachgegeben hat: Das Glas hielt ihm stand.

DIE FLEDERMAUSBOMBE

oder: Wie ein amerikanischer Zahnarzt den Zweiten Weltkrieg mit einer Bombe aus Fledermäusen gewinnen wollte

Kriege bringen das Schlimmste im Menschen hervor; manchmal aber auch das Dümmste. Die Geschichte ist voll von irren Ideen, wie man den Gegner durch die absurdesten Wunderwaffen in die Knie zwingen kann. Zum Beispiel haben Forscher des Wright Laboratory im amerikanischen Bundesstaat Ohio 1994 die Idee zur Gay Bomb entwickelt: ein chemisches Mittel, das die Gegenseite so rallig macht, dass die Soldaten übereinander herfallen. Das Projekt hat es nicht über das Ideenstadium hinaus geschafft, da die USA 1997 die Chemiewaffenkonvention unterschrieben haben. Oder ein Beispiel aus dem Zweiten Weltkrieg: Da dachte Lord Mountbatten, britischer Admiral und im Nebenberuf Mitglied des Königshauses, dass es nahezu genial wäre, ein Schiff aus Eis und Sägespänen zu bauen, um es auf diese Weise unsinkbar zu machen. Denn Geschosse und Torpedos würden lediglich die Eisschicht treffen, die man schnell wieder zufrieren lassen könnte. Im Innern würden Kälteanlagen dafür sorgen, dass es bei voller Fahrt nicht zufriert. Diese Idee hätte damals 70 Millionen Dollar gekostet. Das wären heute, inflationsbereinigt, rund 1,2 Milliarden Dollar. Spätestens hier ging das Vorhaben baden.

Aber keiner dieser Geistesblitze ist so bescheuert wie die Fledermausbombe. Der Name ist dabei Programm: Die Fledermausbombe ist eine Bombe bestehend aus – na ja – Fledermäusen.

Alles beginnt mit einem unscheinbaren Brief. Am 12. Januar 1942 erhält der damalige US-Präsident Franklin D. Roosevelt folgende Nachricht:

My Dear Mr President,
ich sende Ihnen einen Vorschlag, wie wir die Menschen Japans verängstigen und demoralisieren können. So ausgefallen diese Idee jetzt klingen mag: Ich bin überzeugt, dass es funktionieren wird. Die niedrigste Form des tierischen Lebens ist die Fledermaus. Bis heute ist der Sinn ihrer Existenz unklar. Ich glaube, die Millionen von Fledermäusen wurden von Gott in unsere Höhlen gesteckt, um in genau dieser Stunde der Menschheitsgeschichte eine Rolle zu spielen.

Autor des Briefs ist ein gewisser Lytle S. Adams. Er ist kein einflussreicher General oder genialer Forscher, er ist Zahnarzt aus Pennsylvania. Immerhin: ein Zahnarzt mit guten Connections, denn Lytle Adams ist in der Oberschicht bestens vernetzt und hat schon die Wurzelkanäle der Reichen und Schönen verplombt. In den besseren Kreisen Pennsylvanias lernt Adams irgendwann Eleanor Roosevelt kennen, die First Lady der USA. An sie adressiert er seinen Brief für den Präsidenten, die ihn wiederum auf den Schreibtisch ihres Mannes bugsiert.

Als Franklin Delano Roosevelt diesen Brief am 12. Januar 1942 öffnet, hat sich das Leben der Amerikaner:innen gerade schlagartig verändert. Am 7. Dezember 1941, also knapp vier Wochen zuvor, überfallen die Japaner den US-Stützpunkt in Pearl Harbor. Ein Schicksalstag für die USA. Nach Jahren, in denen diplomatische Spannungen zwischen den beiden Ländern herrschten, ist das nun die endgültige Kriegserklärung. Aus deutscher Perspektive ist es schwer nachzuvollziehen, aber: In den USA kommt der Krieg erst jetzt so richtig an. Rund 2400 Amerikaner:innen sterben beim Anschlag auf Pearl Harbour, mindestens 1000 weitere werden verletzt. Schiffe und Flugzeuge sind zerstört.

Bis zu diesem Ereignis ist die Meinung der US-Bevölkerung zur Frage, ob ein Kriegseintritt richtig ist, gespalten. Doch nach Pearl Harbour stimmen 97 Prozent für eine Kriegserklärung an Japan. Das Land ist von nun an im Krieg und hat einen klaren Feind: Japan.

Die USA stehen zunächst nicht gut da. Das japanische Militär gewinnt so gut wie jede Schlacht auf hoher See und erobert wichtige Knotenpunkte. Außerdem liegt mit Pearl Harbour ein strategisch wichtiger Armeestützpunkt mitten im Pazifischen Ozean in Schutt und Asche. Im Weißen Haus ist darum klar: Wenn wir gegen Japan gewinnen wollen, kommen wir mit unseren bewährten Methoden nicht weiter. Wir müssen jetzt kreativ werden!

Da trifft es sich gut, dass ein Zahnarzt aus Irwin, Pennsylvania, im absolut richtigen Moment eine Idee hat, die so absolut falsch ist, dass sie genau richtig erscheint.

Am 7. Dezember 1941 sitzt Lytle S. Adams gerade im Auto auf dem Weg nach Hause. Er hat in Carlsbad, einer kleinen Stadt in New Mexico, Urlaub gemacht. Als er das Autoradio anmacht, hört er von den schrecklichen Nachrichten: Es gab einen überraschenden Angriff auf Pearl Harbour, der Großteil der Pazifikflotte ist zerstört.

Inspiriert von den frischen Eindrücken aus seinem Urlaub kommt ihm eine Idee: Wie wäre es, wenn man Japan einfach mit Fledermäusen angreift?

Die Hauptattraktion in Carlsbad sind die Carlsbad Caverns. Ein riesiges Höhlensystem, in dem zehn Millionen sogenannte Bulldoggfledermäuse leben. Die Tiere sind in Mittelamerika wichtiger Teil des Ökosystems. Auf Kuba werden sie sogar so verehrt, dass sie es auf eins der wichtigsten Exportprodukte des Landes geschafft haben: Das Bacardi-Logo ziert eine Bulldoggfledermaus. Sie soll Glück und Wohlstand bringen. Lytle Adams' Plan jedoch ist, dass sie Tod und Verderben über die Japaner regnen lassen. Als lebende Bombe.

Konkret sieht sein Plan so aus: Was wäre, wenn man 200 000 Fledermäuse mit kleinen Brandsätzen ausstatten, sie in einem Bomber platzieren und über dem Himmel von Tokio freilassen würde? Er glaubt, dass die Tiere dann in der Stadt ausschwärmen und sich instinktiv in den Nischen der Holzdächer verstecken würden. Die Sprengsätze an ihren Körpern könnten dann per Zeitschaltung zünden, und Tokio läge in Schutt und Asche.

Bulldoggfledermäuse bringen ein paar Skills mit, die Lytle Adams für diesen höllischen Plan für vorteilhaft hält. Zum einen ist da die Flughöhe: Bulldoggfledermäuse können bis zu 3,3 Kilometer hoch fliegen. Dadurch könnte man sie einfach aus einem Flugzeug werfen, und sie würden selbstständig ihren Weg zum Ziel finden. Dazu kommt die hohe Geschwindigkeit, denn es gibt kein Tier, das schneller fliegen kann. 160 Stundenkilometer schaffen die Fledermäuse ohne Probleme. Und dann wäre da noch der natürliche Nistinstinkt – die Fledermäuse lieben kleine, dunkle Nischen, in denen sie sich verstecken können.

Springen wir also mal zurück ins Büro von Franklin Roosevelt, der im Januar 1942 Adams' Brief liest. Darin steht weiter: *Diese einfache Kreatur kann im Flug eine ausreichende Menge flammbares Material transportieren, um damit einen Brand auszu-*

lösen. Der Effekt der Zerstörung wäre ein Schock für die Japaner. Es würde die Menschen obdachlos und ihre Wirtschaft unbrauchbar machen.

Roosevelt legt das Papier beiseite, setzt seine Lesebrille ab und sagt zu seinem Stabschef: »This man is not a nut!« – »Dieser Mann ist kein Verrückter.« Stattdessen klingt es für den Präsidenten der Vereinigten Staaten nach einer Idee, die man sich mal genauer angucken sollte.

Und so beginnt eines der absurdesten Militärexperimente des 20. Jahrhunderts. Ein Experiment, das die USA mit zwei Millionen Dollar (knapp 40 Millionen im Jahr 2025) fördern werden. Aus heutiger Sicht ist das natürlich totaler Irrsinn, so eine Summe für die Idee eines Hobbytüftlers hinzublättern. Aber auch moralisch ist es mindestens fragwürdig: Niemand würde es zulassen, dass Zehntausende von Tieren hingerichtet werden für einen hinterlistigen Vergeltungsschlag. Doch das ist keine Kategorie, in der man in den 40ern denkt. Hier muss, verdammt noch mal, ein Krieg gewonnen werden.

Der amerikanische Präsident gibt das Projekt frei. Unter der Leitung der Army Air Force darf Lytle Adams nun loslegen. Und so beginnt er, sein Expertenteam zusammenzustellen. Dieser Kreis an Fachleuten muss die Speerspitze der Wissenschaft sein. Leute, die nicht nur Köpfchen haben, nein, Genies sollen es sein. Doch die haben wohl gerade keine Zeit oder Bock, oder der Kindergarten hat zu. Lytle Adams jedenfalls formt statt der A-Liga nur so eine Art Bambini-Mannschaft.

Dazu gehört zum Beispiel Dr. Jack von Bloecker, ein Säugetierforscher und damals Mitarbeiter im Los Angeles County Museum. Tim Holt, ein Schauspieler, der zu der Zeit hauptsächlich in B-Western mitspielt. Der Hummerfischer Ray Williams. Der Exgangster Patricio »Patsy« Batista, der auch mal für Al Capone gearbeitet haben soll. Und Louis Fieser. Ja, der Louis Fieser, der als Erfinder des Napalms gilt. Es ist, als hätte sich Dr. Lytle Adams seinen eigenen Superheldentrupp zusammengestellt. Nur mit sehr nutzlosen, tendenziell irren und potenziell gefährlichen Superkräften.

Dennoch scheint er ein Teamleiter zu sein, der es versteht, die Leute von seiner Idee zu überzeugen und sie motiviert zu halten. Jack Couffer, ein Assistent, der später ein Buch über dieses Projekt geschrieben hat, formulierte es darin so: »Er konnte eine Ratte in der Wüste genauso bequatschen wie einen General und alle für sich gewinnen. Ich glaube, so hat er es auch geschafft, dass ihm überhaupt jemand mit dieser verrückten Idee zuhörte.«

Die Fledermausbomben-Bande um Lytle Adams macht sich also an die Arbeit. Schnell finden sie heraus, dass eine Fledermaus etwa das Vierfache des eigenen Körpergewichts tragen kann. Sie können also rund 50 Gramm Brandsatz an jedem Tier befestigen. Die Frage ist nur: wie?

Vielleicht ist das der richtige Zeitpunkt für einen kleinen Exkurs zum Thema Napalm. Napalm ist eigentlich eine Auftragserfindung. Nach dem Angriff auf Pearl Harbour stehen die USA nämlich vor einem strategischen Problem: Wichtige Kautschukanbaugebiete wurden von den Japanern besetzt, und Kautschuk ist zum damaligen Zeitpunkt ein wichtiger Rohstoff für Brandgele, die in Bomben gefüllt werden. Louis Fieser wird also 1941 vom Wissenschaftskomitee National Defense Research Committee (NDRC) und dem Chemical Corps, einem Zweig der US-Armee, beauftragt, eine Alternative zu entwickeln. Ein Jahr später ist Napalm erfunden: eine zähflüssige, gelartige Masse, die hauptsächlich aus Benzin besteht und von der bereits kleine Spritzer schwere Verbrennungen auf der Haut verursachen. Es ist der perfekte Brandstoff für die Fledermausbombe.

Adams und seine Kollegen planen also, kleine Napalmtuben, etwas größer als eine Fingerkuppe, an den Bauch der Fledermäuse zu kleben. Ein Brandzünder sollte die Bombe per Zeitschaltuhr genau 15 Minuten nach Abwurf der Fledermäuse aus dem Flugzeug zünden. Also dann, wenn sie sich unter den Dächern der japanischen Häuser versteckt haben. Die Theorie steht, also macht sich das Team an die Praxis. Und dafür brauchen sie jetzt erst mal Fledermäuse. Viele Fledermäuse. Immerhin: Die Bulldoggfledermaus ist das am häufigsten vorkommende Säugetier in Nordamerika. Es müssten also genug zu finden sein.

Fledermäuse haben nicht viele Nistplätze. Doch wo sie sind, lassen sie sich in riesigen Herden nieder. In den Carlsbad Caverns findet man darum, wie schon erwähnt, Millionen der Tiere an einem Ort. Und tatsächlich reicht es aus, mit einem Netz durch die Höhle zu gehen und die Tiere hineinfliegen zu lassen. Die fünf Fledermausbomben-Buben sammeln so in kürzester Zeit rund 10 000 Fledermäuse, die sie mit in die Army Base nehmen, wo sich für die kommenden Wochen ihr Testzentrum befindet. Um die Tiere zu präparieren und für den Flug fertig zu machen, werden sie gekühlt und in eine Art künstlichen Winterschlaf versetzt. Im richtigen Moment aufgewärmt, sollen sie so zur tödlichen Waffe werden.

Am 15. Mai 1943 soll der erste Test unter fast echten Bedingungen auf dem brandneuen Militärflugplatz in Carlsbad stattfinden. Wochen und Monate der Recherche liegen zu dem Zeitpunkt hinter dem Team. Auch schon einige erste Flugversuche – natürlich ohne gefährlichen Brandstoff. Das soll heute anders sein. Das Team um Dr. Lytle Adams fühlt sich bereit, die ersten Fledermausbomben mit echtem Napalm zu testen. Für Louis Fieser ist das ein besonderer Tag, denn gleich zwei seiner Ideen werden unter Beweis gestellt. Also: Pic or it didn't happen, richtig? Fieser lässt also extra einen Fotografen kommen, der schon mal so ein bisschen dokumentieren soll, was für eine

Megasensation sich da anbahnt. Für die Kamera posiert er stolz mit einer Handvoll gekühlter Fledermäuse, die gleich ein paar Hausattrappen in Brand setzen sollten.

Doch Fieser hat nicht damit gerechnet, wie schnell die Tiere sich aufwärmen. Sechs Fledermäuse erwachen früher als geplant aus ihrem »Winterschlaf«, sie entkommen aus ihren Vorrichtungen und fliegen – beladen mit Napalm – an die Decke der neuen Air-Force-Halle. Die Männer gucken an die Decke. Rauch steigt auf. 15 Minuten später steht alles in dicken Flammen. Die Menschen in der Halle haben immerhin genug Zeit, sich in Sicherheit zu bringen. Das Carlsbad Auxiliary Army Airfield aber brennt bis zum Grund ab.

Das könnte das Ende des »Project X-Ray«, wie es später genannt wurde, sein. War es jedoch nicht. Also nicht ganz. Tatsächlich werden danach noch weitere Tests mit Fledermausbomben gemacht, mit dem Ziel, im Mai 1944 eine Million Brandbomben für den Einsatz im Krieg bereitzuhaben. Zwei Jahre und zwei Millionen Dollar kostet das Ganze. Doch Ende 1944 wird das »Project X-Ray« eingestellt, weil fortan alles in eine neue Waffe gesteckt wird: die Atombombe.

Lytle Adams soll von deren Entwicklung bei einem Besuch in Washington, D.C., sogar mitbekommen haben. Sein Kommentar: »Es ist der dümmste Nonsens, von dem ihr je gehört habt …«

VERGEBLICHES STÄNDCHEN

oder: Wie Florence Foster Jenkins zur schlechtesten Sängerin der USA wurde

Es ist ein echter Schock. Florence Foster Jenkins schlägt am 26. Oktober 1944 die Zeitung auf. Die 76-Jährige hat ihr ganzes Leben auf diesen Moment hingearbeitet, jahrelang hat sie auf kleinen Bühnen gesungen, Fans in ganz New York gesammelt und sogar eine Schallplatte herausgebracht. Aber gestern hatte sie den wichtigsten Auftritt ihres Lebens, manche sagen sogar, es war ihr »Debüt« – mit fast 80! Denn gestern hat Florence Foster Jenkins in der Carnegie Hall gesungen; der Saal, den nur die ganz Großen des Showgeschäfts bespielen dürfen, war bis auf den letzten Platz ausverkauft. An der Abendkasse haben Tausende Menschen gewartet, um letzte Restkarten zu ergattern – eine Schlange um den gesamten Block hat sich gebildet.

»Und es ist doch gut gelaufen, oder?«, denkt Florence, bevor sie die Zeitungen aufschlägt. Ja gut, an manchen Stellen hat das Publikum komisch gelacht. Das hat sie für einen kurzen Moment aus der Bahn geworfen und verunsichert. Aber in der Pause haben ihre Verehrer ihr doch knapp ein Dutzend Blumengestecke zukommen lassen. So viele, dass sie nicht in die Garderobe gepasst haben und sie diese in der zweiten Hälfte zum Bühnenbild gestellt hat. Und außerdem weiß Florence doch, dass sie ein begnadetes Talent ist. Dass keine besser singt als sie – noch nicht einmal Frieda Hempel oder Luisa Tetrazzini. Ihre Stimme ist viel voller, runder, schöner. Das wurde ihr schon oft bestätigt, am meisten von Foster Jenkins selbst. Einigermaßen selbstsicher schlägt sie nun die *New York Times* auf. Okay. Gleich die erste Enttäuschung, denn die hält es nicht für nötig, ihren Auftritt zu kommentieren. Dann eben die nächste Zeitung, was schreibt denn die *PM Daily*? »Frau Jenkins verfügt nur noch über einen kläglichen Rest an Gesangsausrüstung. Das Publikum, das sehr zahlreich war, durchbrach die Töne, die sie von sich gab, mit unkontrollierbaren Lachwellen. Es war das grausamste und unzivilisierteste Verhalten, das ich je in der Carnegie Hall erlebt habe.«

Nein, das kann doch gar nicht sein! Sie hat doch so viele Fans! Es muss sich dabei um eine Einzelmeinung handeln, was steht in der *L.A. Times*? »Ich beobachtete diese unermüdliche alte Dame, die in rosa Brokat und Straußenfedern gekleidet war. Sie war kaum in der Lage, die Bühne zu betreten, aber sobald sie dort war, begann sie mit der erbärmlichsten Zurschaustellung von Eitelkeit, die ich je gesehen habe. Dieser Auftritt hatte etwas Unanständiges und barbarisch Grausames an sich.«

Jenkins geht in die Geschichte ein als schlechteste Sängerin aller Zeiten. Wenn sie singt, wäre es, »als würden eine Million Schweine quieken«. »Sie wäre besser auf einem Fischmarkt aufgehoben als auf einer Bühne«, schreibt ein Kritiker. Sogar David Bowie, ein ausgewiesener Jenkins-Fan, sagt: »Foster Jenkins hat die schlechteste Stimme in der gesamten Musikwelt.«

Wie kann sich eine Frau über Jahrzehnte so täuschen? Wieso braucht es eine so öffentliche Bloßstellung, um zu spüren, dass sie gar nicht singen kann? Und kann es sein, dass hinter der Geschichte noch mehr steckt als ein paar falsche Töne?

Florence Foster Jenkins wird 1868 in Wilkes-Barre, Pennsylvania, geboren. Schon als kleines Kind durchläuft sie das Programm für gehobene Töchter der Upper Class: Klavier- und Gesangsunterricht, Knigge-Kurs, Fremdsprachen. Ihr Vater ist Anwalt, gehört zum Geldadel Pennsylvanias und besitzt so viel Land, dass er eigentlich nicht arbeiten müsste. Im Alter von sieben Jahren beginnt Florence mit öffentlichen Auftritten – sie ist eine ausgezeichnete Pianistin, wird von manchen sogar als musikalisches Wunderkind betrachtet. Bei gesellschaftlichen Anlässen tritt sie als »Little Miss Foster« auf. Ihre musikalische Früherziehung bringt sie sogar bis zum amerikanischen Präsidenten Rutherford B. Hayes. Als dieser 1878 Florence' Heimatstadt Wilkes-Barre besucht, begleitet sie einen Kinderchor auf dem Klavier. In ihrer Jugend überlässt sie das Singen anderen – Florence tobt sich als Klaviervirtuosin aus, und nicht nur die Eltern sind begeistert, auch die Presse ist es. In der Zeitung heißt es damals, ihr Spiel sei »hell, leicht und wurde mit großem Beifall bedacht«.

Für Florence ist klar: Sie will auf die prächtigsten Bühnen des Landes, mit ihrer Musik reisen, einmal zu den ganz Großen gehören. Doch je ernsthafter sie ihr Hobby verfolgt, desto unruhiger wird ihr Vater. Denn aus Florence wird so langsam eine Frau – und die Rolle der Frau ist für ihn immer noch in der Familie und nicht auf der Bühne. In vielen Quellen liest man, dass Florence mit 18 Jahren von zu Hause durchbrennt, den Kontakt zu ihrem Vater abbricht und eine wilde Ehe mit einem gewissen Dr. Francis Jenkins eingeht. So ein dramatischer, fast schon opernhafter Abgang passt natürlich zu Florence, doch scheint sie hier später viel hinzuerfunden zu haben. Klar ist: Mit 18 Jahren heiratet Florence den Arzt Francis Thornton Jenkins. Begeistert ist der Vater nicht, was aber wohl daran liegen könnte, dass die beiden eine recht freudlose Ehe führen und Francis ganze 16 Jahre älter ist als Florence. Ach ja, und mit Syphilis steckt er seine Teenagerbraut auch noch an und versucht den Schaden mit Quecksilber-Arznei zu beheben, wovon Florence die Haare ausfallen. Immer wieder kehrt Florence in ihr Elternhaus zurück, um sich eine Pause von Francis zu gönnen. Die Pausen werden schlussendlich so lange, dass sie um Scheidung bittet – ein Skandal zum Ende des 19. Jahrhunderts, den die reiche Familie versucht um jeden Preis geheim zu halten. Nach außen hin wird sie weiterhin als Frau Dr. Francis Thornton vorgestellt. Im Privaten ist die Scheidung ein Befreiungsschlag für Florence. Sie versucht nun endlich auf eigenen Beinen zu stehen, muss aber den nächsten Schicksalsschlag hinnehmen.

Bei einem Unfall wird ihre rechte Hand verletzt, eine Karriere als Klaviervirtuosin ist von nun an ausgeschlossen. Aber eine Florence Foster Jenkins wird sich davon nicht unterkriegen lassen. Wieder gegen den Wunsch ihres Vaters, zieht sie von Wilkes-Barre nach New York City, zu der damaligen Zeit der Nabel der Welt. So hat ein Großteil der an der New York Stock Exchange gelisteten Unternehmen seinen Sitz in der Stadt, es ist die Zeit der Carnegies, Vanderbilts und Rockefellers. Die neuen Mäzene nutzen ihren Einfluss und ihr Geld, um die Künste zu fördern – und im gleichen Atemzug von ebenjenem Geld abzulenken. Andrew Carnegie baut nicht nur 2500 Bibliotheken auf der ganzen Welt, sondern errichtet auch die Carnegie Hall, die Florence 40 Jahre später das Leben schwer machen wird. Gertrude Vanderbilt Whitney gründet das heute noch berühmte Whitney Museum und zahlt hungernden Künstlerinnen und Künstlern den Lebensunterhalt. Und die Rockefellers errichten das Museum of Modern Art.

Für die immer noch junge Florence ist New York City also nicht nur der perfekte Ort, sondern es ist auch die perfekte Zeit. Selten in der Menschheitsgeschichte leben so viele spannende

Künstlerinnen und Künstler auf einem Fleck. Und Florence Foster Jenkins will dazugehören. Sie tritt mehreren Clubs bei, wie zum Beispiel der Dickens Fellowship oder dem Euterpe Club, wo Frauen zusammenkommen, die sonst vom künstlerischen Leben ausgeschlossen sind – denn Kultur ist Anfang des 20. Jahrhunderts leider auch in der progressivsten Stadt der Welt Männersache. Besonders der Euterpe Club hat es ihr angetan, hier organisieren die Damen, die allesamt aus gutem Hause kommen, Wohltätigkeitskonzerte, spielen selbst oder lassen spielen. Zunächst macht Florence in diesen Kreisen nur kleine Schritte, pendelt eine Zeit lang zwischen Vaters Villa und pulsierender Großstadt. Wirklich arbeiten muss sie zu dieser Zeit nicht: Florence kleidet sich in den besten Stoffen, geht auf die besten Partys und trinkt den besten Champagner. Dass so ein Lebensstil nicht durch ein paar Lektionen am Klavier bezahlt werden kann, ist klar, und immer, wenn sie in allergrößte finanzielle Nöte gerät, springt ihr Vater ein.

Florence ist inzwischen 41 Jahre alt und bisher nur als Salonlöwin, Kunstmäzenin und Organisatorin von Benefizkonzerten in Erscheinung getreten. Das wird sich aber ändern, denn jeder Don Quichotte braucht seinen Sancho Pansa, jeder Frodo Beutlin seinen Samweis Gamdschie, jeder Robert Geiss seine Carmen. Im Jahr 1909 lernt Florence Foster Jenkins einen Mann kennen und lieben, der nicht nur ihr Lebensgefährte, sondern auch ihr erster Fan und ihr Manager wird: der Schauspieler St. Clair Bayfield. Obwohl die beiden nie heiraten werden – Florence hat mit der Ehe schlechte Erfahrungen gemacht –, treten sie bald nur noch als feste Einheit auf. Der sieben Jahre jüngere St. Clair mag die manchmal forsche Art seiner starken Frau, und Florence liebt es, angehimmelt zu werden. Die beiden schlagen in der Partyszene New Yorks ein wie eine Bombe – und haben auch die finanziellen Mittel dazu. Denn 1909 stirbt Florence'

Vater und hinterlässt ihr und ihrer Mutter ein Millionenerbe. Damit muss die Königin der Nacht nun endgültig nicht mehr arbeiten und kann sich voll und ganz auf ihre Clubs und die Musik konzentrieren. Und das macht sie sehr erfolgreich. Sie gründet den Verdi Club, umgibt sich mit den Größen der Opern- und Literaturwelt und ist in diesen Kreisen wirklich akzeptiert. Das liegt nicht nur an ihrem beträchtlichen Vermögen, mit dem sie vornehmlich die Künste fördert, sondern auch an ihrer Art. Florence wird als etwas verspult und größenwahnsinnig, aber auch charismatisch beschrieben. Sie kümmert sich um die Menschen in ihrem Umfeld, ist bekannt für ihre Großzügigkeit und ihre Fähigkeit, Leute zusammenzubringen. Sie sorgt persönlich dafür, dass junge Talente gefördert werden und eine Bühne bekommen.

25 Jahre später, die USA sind durch den Zweiten Weltkrieg und die Große Depression gegangen. Die Stimmung im Land hat zwar eine kleine Delle abbekommen, aber die Party läuft weiter. Nirgendwo wird so viel gefeiert wie in New York City. Und in den Zirkeln der Upper Class gibt es *einen* Termin im Jahr, auf den alle hinfiebern: Dann nämlich richtet der von Florence Foster Jenkins gegründete Verdi Club einen Liederabend aus. In sogenannten Tableaux vivants, lebenden Bildern also, stellen Mitglieder des Clubs Persönlichkeiten aus der Geschichte oder aus der Welt der Oper nach. Die Kostüme sind elaboriert, die Bühnenbilder auch, die Energie im Raum ist mit den Händen zu greifen. Die geladene Gesellschaft weiß nämlich ganz genau, was jetzt passieren wird. Es ist der einzige Grund, weshalb sie heute Abend überhaupt gekommen ist.

Zum Höhepunkt der Show betritt eine stämmige ältere Frau die Bühne. Sie ist als Brünnhilde aus Wagners *Siegfried* verkleidet: langes lockiges Haar, das unter einer goldenen Krone hervorblitzt, ein weißes Toga-ähnliches Kleid und ein goldener

Plattenpanzer fassen ihren Körper ein. In der Hand ein riesiger Speer. Es ist natürlich: Florence Foster Jenkins. An diesem Kostüm hat sie die letzten Wochen hart gearbeitet, jede Platte des Panzers eigenhändig angenäht. Mit selbstsicherer Mine steht sie da und wartet auf ihren Einsatz. Aus der hinteren Ecke beginnt ein Klavier vor sich hin zu klimpern. Cosmé McMoon heißt der Pianist, zu diesem Zeitpunkt engster Kollaborateur Foster Jenkins. Andere Pianisten hat sie gefeuert, da die entweder ihren Gesang nicht ausgehalten oder sich auf der Bühne über sie lustig gemacht haben. Doch McMoon erträgt alles mit einer Gelassenheit, die wir sonst nur von Besucher:innen der Bayreuther Festspiele kennen, die vier Stunden Wagner über sich ergehen lassen müssen. McMoon spielt die ersten Akkorde von »Ewig war ich«, einer der berühmtesten Arien im ganzen *Nibelungenring*. Die Menge wartet gespannt auf Florence' Einsatz, Hände krallen sich in Oberschenkel. Florence setzt an ... und verhaut sofort den ersten Ton. Später werden Musikkritiker über ihre Karriere sagen, dass es erstaunlich sei, *wie* falsch sie sang. Denn rein statistisch muss man auch mal einen Ton treffen, der zum darunterliegenden Akkord passt. Doch Florence Foster Jenkins singt so falsch, dass es klingt, als würde sie es mit Absicht machen – eine Wagner-Parodie.

Das Publikum ist trotzdem begeistert. Es klatscht wie wild, Füße trommeln auf den Boden. All das ist ein lang eingeübter Trick. Denn Jenkins' Publikum genießt hier eine Camp-Aufführung, lange bevor der Begriff Camp überhaupt existiert. Sie sind nur ironisch hier, klatschen und trommeln deshalb so laut, dass Florence Foster Jenkins nicht das Gelächter hört, das sich eigentlich darunter verbirgt. Zu ihren Fans gehört zum Beispiel der Komponist Cole Porter. Der Autor von Songs wie »I've Got You Under My Skin« wird bei Jenkins-Konzerten beobachtet, wie er sich seinen Gehstock in den Fuß rammt, um sich vom

Lachen abzuhalten. Auch die damals berühmte Schauspielerin Tallulah Bankhead wird gesehen, wie sie sich fast in die Hosen macht und aus dem Saal eskortiert werden muss. Während all das passiert, schwingt sich Florence in immer höhere Sphären und singt mit einer beachtlichen Ernsthaftigkeit, als ginge es um ihr Leben. Sie ist eins mit der Musik, spürt den Schmerz und die große Melancholie Wagners. Ist sie so verbunden mit der Musik, dass sie das gellende Gelächter ausblenden kann?

Diese Frage beschäftigt heute noch viele Florence-Fans – okay, zugegeben: Es gibt auch nur noch ein paar davon. Die meisten glauben, dass ihre meisterhafte Ignoranz mit ihrer Syphilis-Erkrankung zu tun hat, die heute durch Antibiotika gut behandelbar wäre – zur damaligen Zeit gab es diese aber noch nicht. Unbehandelt kann die Syphilis sich zu einer sogenannten Neurosyphilis ausweiten, die Krankheit greift dann das Gehirn an. Persönlichkeitsveränderungen, Demenz und psychische Störungen können die Folge sein. Ob das bei Florence Foster Jenkins wirklich der Fall war, ist umstritten. Es wäre ja nicht so, dass wir nicht auch heutzutage ohne Syphiliserkrankung reiche Menschen beobachten können, die sich selbst maßlos überschätzen, es aber vielleicht gerade deswegen schaffen, eine Menge Fans um sich zu scharen: Kanye West, Donald Trump, Elon Musk, Gwyneth Paltrow, Elizabeth Holmes.

Egal wie schlecht Florence Foster Jenkins auch singen mag: Ihre Kunst ist auf eine Art auch inspirierend. Sich mit mehr als 60 Jahren in absurden Kostümen in eine Kulisse zu stellen und anspruchsvolle Lieder wie »Vergebliches Ständchen« von Brahms zu singen – dazu gehört Mut. Und ab einem gewissen Punkt ist Mut nicht mehr von einer klinischen Neurosyphilis-Diagnose unterscheidbar.

Es ist dieser Mut, dieses komplette Ausblenden aller Widerstände, das das Publikum von Florence Foster Jenkins jedes

Jahr zum Wiederkommen bewegt. Ansonsten macht sich die Jenkins nämlich rar. Wie das teure Silberbesteck wird ihr Gesangstalent nur einmal im Jahr herausgeholt. Florence ist eine Untergrund-Sensation der Opernwelt, zu ihr geht man, wenn man mal etwas gänzlich anderes sehen will. Karten gibt es keine zu kaufen, man muss von Florence und ihrem Club eingeladen werden. Manchmal ist sogar Presse anwesend, aber die verliert nie ein böses Wort über ihre Auftritte. Denn zum einen sind die Singabende immer für einen guten Zweck, zum anderen ist Florence zu diesem Zeitpunkt wahnsinnig gut vernetzt. Sie kennt jeden Kritiker persönlich. So schlecht der Gesang auch war – er war furchtbar –, und so groß die Selbstüberschätzung Jenkins' auch gewesen sein mag – sie war gigantisch –: Für die Kritik ist sie kein lohnendes Ziel. Bis zu ihrem verhängnisvollen Auftritt in der Carnegie Hall ist die Sängerin also so etwas wie ein Geheimtipp. Ihre Schallplatte ist ein Renner unter der Ladentheke und wird mit viel Geraune von einem Opernconnaisseur zum nächsten verkauft. Ein Plattenkritiker bringt es so auf den Punkt: »Was ich über die Platte sagen könnte, könnte mir eine Klage wegen übler Nachrede einhandeln, wäre verleumderisch, also werde ich es nicht tun. Sie kaufen es, und wenn es den Preis nicht wert ist, erstatte ich Ihnen das Geld zurück.« Florence selbst findet natürlich, dass ihre erste Langspielplatte ein voller Erfolg ist und dass sie die Referenzaufnahme für viele Lieder abgeliefert hat. Dabei ging die ganze Aufnahme nur an einem Tag über die Bühne, mehr reinhängen wollte sie sich nicht. »Zuerst schienen sie überrascht zu sein, dass ich jeden Song oder jede Arie bei der Aufnahme einfach ein einziges Mal durchgehen würde«, sagt Florence später in einem Interview, »aber ich denke, wenn man es beim ersten Mal nicht richtig macht, wird man es beim zweiten Mal auch nicht besser machen, warum sich also quälen? Deshalb finde ich das Aufnehmen nicht annähernd so anstrengend wie die meisten Künstler.«

Aber bei jedem Untergrundtipp kommt der Moment, in dem auch die breite Masse auf den Geschmack kommt – und unweigerlich alles den Bach runtergeht. Wenn die coole Ramen-Bar plötzlich bei TikTok viral geht oder das nette Café von nebenan im Lonely Planet auftaucht, ist das der Anfang vom Ende. Oder wie der Sänger Olli Schulz im Podcast »Fest und Flauschig« oft sagt: »Ab 100 Leuten im Publikum kommen die Arschlöcher.« Genau so ist es auch bei Florence Foster Jenkins. Sie ist natürlich geschmeichelt, als die Tickets für ihr Konzert in der Carnegie Hall ausverkauft sind. Aber während sie zuvor immer nur vor einer Handvoll Menschen gesungen hat, sitzen jetzt Tausende im Publikum. Frank Sinatra wird in derselben Woche auftreten und vor deutlich weniger Publikum spielen. Bis hoch in die Ränge stapeln sich die Menschen – und alle haben sie nur ein Ziel: »Diese Sängerin ist so schlecht, das *musst* du gehört haben!« Die Bubble, die Jenkins jahrzehntelang um sich aufgebaut hat, sie platzt in der Carnegie Hall. Der Sänger Cris Alexander erinnert sich wie folgt: »Sie war wirklich göttlich. Himmlisch. Es war einer der lustigsten Abende im Theater. Bei einer Nummer kam sie mit einer großen Salatschüssel voller Rosenblätter heraus, die sie auf dem Boden verstreute. Nachdem das Lied zu Ende war, setzte sie sich auf ihren Hintern, sammelte sie ein und wiederholte die ganze Nummer. Das war einer der Höhepunkte in meinem ganzen Theaterleben.« Blöd nur, dass Florence das Ganze durchaus ernst meint. Der Klatschjournalist Earl Wilson sieht sie zum ersten Mal und schreibt später: »Wir sind solche Arschlöcher, dass wir hier sind. Aber: Sie hat noch nicht einmal drei Noten getroffen.« Das Publikum kann nicht anders, als vor Lachen auf dem Boden zu liegen. Wilson fragt nach dem Konzert Jenkins' Ehemann und Manager, wieso sie sich das antut. »Sie liebt die Musik«, sagt der nur schmallippig. Woraufhin Wilson erwidert: »Wenn sie die Musik liebt, wieso tut sie das dann?«

Dieser Abend sollte die Krönung ihrer Karriere werden, stattdessen ist er ihr Ende. Ganz buchstäblich, denn einen Monat später ist Florence Foster Jenkins tot. Die Sängerin stirbt an einem Herzinfarkt – oder, wie manche meinen: an gebrochenem Herzen. »Meine Frau wäre heute noch am Leben, wenn sie dieses Konzert nicht gegeben hätte«, wird ihr langjähriger Partner St. Clair Bayfield später sagen. Sie hat die Schmach nicht ausgehalten.

Dabei kann man aus ihrem Scheitern doch eine Menge lernen. Egal, ob man Töne trifft oder nicht: Für Florence zählten immer nur die Momente, in denen sie gesungen hat. Auch wenn die Arien komplett falsch klangen, in den Ohren von Florence klangen sie richtig. Allein das ist ein Wert an sich. Oder, wie Florence Foster Jenkins es einmal ausgedrückt hat: »Manche mögen sagen, ich könne nicht singen. Aber niemand kann behaupten, dass ich nicht gesungen habe.«

DER RADIOAKTIVE PFADFINDER

oder: Wie ein 16-Jähriger versuchte, einen Atomreaktor im Garten seiner Eltern zu bauen, und eine ganze Stadt verstrahlt hat

Es sind manchmal die kleinen Dinge, die unserem Leben eine ungeahnte Richtung geben können. Wir können nur in unsere Traumwohnung einziehen, weil wir an einem verregneten Samstag einen Schulfreund treffen, der uns erzählt, dass er auszieht. Oder wir lernen die Liebe unseres Lebens kennen, weil wir sie in der fünften Klasse mal nach einem Stück Kaugummi gefragt haben.

Oder wir studieren Jura in Harvard, weil wir unseren Exfreund überzeugen wollen, dass er uns bitte doch noch eine Chance geben soll, und gewinnen nicht nur einen wichtigen Fall, sondern verlieben uns auch noch in das Studienfach und einen süßen Studenten. Okay, das war jetzt der Plot des Films *Natürlich Blond* mit Reese Witherspoon. Anyway: In der Geschichte von David Hahn, die wir Ihnen als Nächstes erzählen wollen, beginnt alles mit einem Geburtstagsgeschenk. Denn zu seinem zehnten Geburtstag schenkt Davids Opa dem Jungen ein Buch namens *The Golden Book of Chemistry Experiments*. Das knallrote Cover zieht David sofort in seinen Bann: Auf ihm sind Reagenzgläser, Erlenmeyerkolben, Büretten und Brenner abgebildet. In jedem Gefäß blubbert eine andere Flüssigkeit, sie sind knallgrün, ozeanblau und stechend gelb. Die erste Fassung kommt 1960 heraus, aber schon in den 70ern gibt es unter Eltern und Lehrern heftige Diskussionen, ob dieses Buch wirklich kindgerecht ist. Vielleicht sollten Kinder lieber keine Experimente mit Gasbrennern und Schwefeldioxid machen?

Von all diesen Diskussionen weiß Davids Opa nichts. 1986 bekommt der kleine Nachwuchsforscher das Buch in seine Hände und verschreibt sich daraufhin ganz den 200 Experimenten, die dort abgebildet sind. Während David unter der Woche bei seinem Vater lebt, fährt er am Wochenende zu seiner Mutter – ein Arrangement, das den jungen David etwas belastet. Umso besser also, dass er nun ein neues Hobby hat! Sein Vater kauft dem Jungen auch sofort alles, was er dafür braucht, und richtet ihm ein kleines Labor ein. Während man anderen Kindern vielleicht eher mal einen Chemiebaukasten aus Plastik schenkt, wird dem zehnjährigen David die Profivariante überreicht. Inklusive Bunsenbrenner. Aber dabei bleibt es nicht. In den nächsten Jahren erbettelt sich David Hahn bei seinem Vater jedes Chemiebuch, das er nur in die Finger kriegt. Und mit seiner Sammlung wächst natürlich auch das Labor. Es heißt, dass in dieser Zeit in der Nachbarschaft der Hahns immer mal wieder kleinere Explosionen zu hören sind. Während andere Kinder noch Backpulvervulkane oder Zitronenbatterien bauen, panscht er schon Nitroglycerin zusammen. Aufsichtspflicht war im Michigan der 1980er-Jahre einfach noch kein so großes Ding.

Tatsächlich fällt auch Davids Umfeld auf, dass er merkwürdige Experimente macht. Eine seiner weiteren großen Leidenschaften ist die Pfadfinderei, was dazu führen wird, dass David Hahn als »Radioactive Boy Scout«, also »radioaktiver Pfadfinder«, in die Geschichte eingehen wird. Zu den Pfadfindertreffen kommt der Teenager immer öfter mit kleineren Verbrennungen, einmal ist sein Gesicht knallorange, weil er mit Canthaxanthin, einem künstlichen Färbemittel, herumexperimentiert hat. Seinen Pfadfinderkollegen erzählt David, dass er versucht hat, ein Bräunungsmittel herzustellen. Ein anderes Mal sorgt er beim Verbrennen von Magnesium für eine kleine Explosion im Pfadfinderzelt. Als sein Vater davon Wind bekommt, bestraft er seinen Sohn. David muss sein Zimmer räumen und in den Keller ziehen! »Das wird dem Jungen schon Manieren beibringen«, denkt sich Davids Vater. Tut es natürlich nicht. Denn hier in der Abgeschiedenheit des Kellers hat David noch mehr Platz für Experimente – sein Labor wächst sogar.

Der inzwischen 14-Jährige nimmt Aushilfsjobs an, um sich das Geld für besseres Equipment und chemische Substanzen zu verdienen. Er verschwindet immer tiefer in seinem Kaninchenbau beziehungsweise Kaninchenkeller, macht alle Experimente, die er in seinen Büchern nur finden kann. Tatsächlich gehen einige davon mächtig schief. Zum Beispiel als David versucht, Treibstoff für eine Rakete zu gewinnen. Hierzu hat er sich eine Menge Streichhölzer gekauft und versucht nun, den Phosphor durch Hämmern auf den Streichholzkopf zu lösen. Diese Streichhölzer befinden sich in einem Glascontainer, damit auch ja nichts von dem Phosphor verloren geht. Als Davids Vater nach einem langen Arbeitstag abends auf der Couch sitzt und fernsieht, hört er plötzlich eine Explosion aus dem Keller. Er rennt nach unten und findet seinen Sohn bewusstlos auf dem Boden, Rauch quillt aus seinen Augen, Hände und Arme sind verbrannt: Der Glascontainer ist dank der Reibung und des Hämmerns in die Luft geflogen. David wird sofort ins Krankenhaus gefahren, wo ihm die Ärzte Glasstücke aus den Augen entfernen. Denn der Teenager hat natürlich ohne Schutzbrille gearbeitet. Ein ganzes Jahr wird David zum Augenarzt fahren müssen, um kleine Glassplitter aus dem Auge holen zu lassen.

Spätestens hier hat Davids Vater genug von den Experimenten. Der Junge muss vor sich selbst geschützt werden. Deswegen darf er die Experimente nur noch im Gartenhaus seiner Mutter machen, wo David ja jedes Wochenende lebt. Das wird ihm bestimmt eine Lehre sein! Die Zeit, die er sonst unter der Woche in seine Experimente steckt, soll er doch bitte anders verbringen: »Was der Junge braucht, ist frische Luft und die Natur«, denkt sich Davids Vater. Er verdonnert ihn dazu, bei den Pfadfindern noch aktiver zu werden – David soll das sogenannte Eagle-Scout-Abzeichen erringen, die höchste Auszeichnung der Pfadfinder. Eine Disziplinarmaßnahme mit dramatischen Konsequenzen.

Um in den Rängen aufzusteigen, müssen Pfadfinder bestimmte Tätigkeiten ausführen. Da wäre zum Beispiel »Vogelbeobachtung«: Über ein Jahr hinweg müssen die Pfadfinder bestimmte Vogelarten beobachten, Protokoll führen und anschließend einen Vogeltest bestehen. Sind alle Unterlagen beisammen, bekommt man einen Aufnäher für die Pfadfinderschärpe und ist dem Ziel, ein Eagle Scout zu werden, ein wenig näher. Im heutigen Handbuch der Boy Scouts of America sind über 130 Kategorien vermerkt, von Handarbeit über Kochen bis zu Fahrradfahren. Für alles Mögliche gibt es ein Abzeichen, das man sich dann stolz auf die Brust nähen kann.

David Hahn blättert also lustlos durch den Katalog der Möglichkeiten, vielleicht wischt er sich sogar ein paar Glassplitter aus den Augen. Keine der Optionen catcht ihn so wirklich. Bis er plötzlich wie elektrisiert innehält: Atomkraft!

Dieses Abzeichen, das heute aus naheliegenden Gründen nicht mehr existiert, bekommt der- oder diejenige Pfadfinder:in, der oder die alles über Atomkraft lernt. Es verlangt von ihnen sogar, bei Unternehmen aus der Kernenergiebranche vorstellig zu werden und sich Anlagen und Prozesse zeigen zu lassen. Für den chemiebegeisterten Jungen geht ein Traum in Erfüllung. Wenn er dieses Abzeichen anstrebt, dann kann er nicht nur weiter Experimente machen, sondern auch seinem Vater erzählen, dass das alles wichtige Hausaufgaben für die Pfadfinder seien. Normalerweise würde es genügen, dass man ein paar Hausaufgaben zu Kernkraftwerken erledigt, sich einmal in der Radiologie den Echt-Welt-Einsatz von radioaktiver Strahlung zeigen lässt, und schwups, hat man das Abzeichen. Aber David will mehr. Viel mehr.

Er hat sich fest in den Kopf gesetzt, einen kleinen Reaktor zu bauen. Und zwar einen sogenannten Brutreaktor. Der Brutreaktor ist so etwas wie die eierlegende Wollmilchsau unter den Kernreaktoren, denn er soll mehr spaltbares Material hervorbringen, als er verbraucht. International gibt es wenige dieser Reaktoren. Sowohl die Betriebstemperaturen als auch die Betriebskosten sind höher als bei anderen Reaktorformen. Außerdem entsteht beim Brutreaktor Plutonium, das in Kernwaffen eingesetzt werden kann. Und solch einen Reaktor will David Hahn jetzt bauen. Er träumt von dem Tag, an dem er den Reaktor einschalten kann, der seine Stereoanlage, seinen Fernseher, vielleicht sogar das ganze Haus seiner Mutter mit Strom versorgt. Dann wäre die Stromrechnung, über die sie immer klagt, auch kein Problem mehr. Und vielleicht wären seine Eltern dann endlich wieder stolz auf ihn, erzählen beim Einkaufen den Nachbarn: »Ja, seit unser David den Brutreaktor im Gartenhaus gebaut hat, haben wir ja wirklich gar keine Geldsorgen mehr. Ach, Ihr Sohn hat keine thermodynamisch optimierte, geschlossenkontrollierte nukleare Energieumwandlungsanlage gebaut, in der durch gezielte Induktion kontrollierter Kernspaltungsprozesse in einem kritischen Anreicherungsgrad von spaltbarem Material eine exotherme Reaktion initiiert wird? Das tut mir aber leid.« Und vielleicht hofft David auch, dass seine beiden

Eltern durch den Stolz auf seine Leistung wieder zusammenfinden. Denn wer so einen Sohn erziehen kann, der kriegt auch eine zerrüttete Ehe wieder hin.

Nun gut ... Aber wie baut man einen Reaktor im Garten? Es ist ja nicht so, als ob man einfach in den Supermarkt gehen und dort ein Päckchen Uran kaufen könnte. David versucht es also mit Betrug: Er ruft bei Einrichtungen wie der Nuclear Regulatory Commission oder dem Atomic Industrial Forum an und gibt sich als Highschool-Lehrer aus. Für ein Schulprojekt bräuchte er nukleares Spaltmaterial, vielleicht haben sie ja was über? Außerdem würde er für dieses Projekt gern wissen, wie man einen Reaktor baut. »Moment, warten Sie, ich hol nur noch was zum Schreiben«, sagt David, als ihm ein Mitarbeiter wirklich am Telefon haargenau erzählt, wie so ein Reaktor funktioniert. Aber bei der Frage nach dem Spaltmaterial können ihm seine Kontakte leider nicht helfen.

Erst sein Pfadfinder-Abzeichen liefert den entscheidenden Hinweis. Denn in einer der atomaren Broschüren, die er für sein Abzeichen lesen muss, entdeckt er, dass sich in alten Rauchmeldern radioaktives Material befindet. Dort ist zwar kein Uran drin, aber Americium-241 – das reicht David für erste Experimente. Nun ist die Menge an Americium, das in Rauchmeldern zu finden ist, recht gering. »Kein Problem«, denkt sich David und setzt sich wieder ans Telefon.

»Hallo, mein Name ist David Hahn, ich unterrichte einen Highschool-Kurs in Chemie und wollte fragen, ob ihr uns kostenlos Rauchmelder schicken könnt«, sagt David, als er Anfang der 90er bei einem Rauchmelderhersteller anruft. Die freuen sich sehr über die Anfrage – endlich mal einer, der nicht nervt, weil sein scheiß Rauchmelder nicht aufhört zu piepen – und schicken ihm begeistert über 100 Exemplare. Die nimmt David Hahn daraufhin in seinem Gartenhäuschen fachgerecht auseinander. Denn die freundlichen Mitarbeiter der Rauchmelderfirma haben ihm ganz genau erklärt, wo er das Americium finden kann. Praktisch!

Als er das komplette radioaktive Material aus den Meldern gepult hat, packt er es in eine Blechdose und sägt ein paar Löcher rein. Zack, fertig ist die Neutronenquelle. Jetzt braucht er aber immer noch Material, das er damit beschießen kann. David schlägt also noch einmal das Telefonbuch auf. Unter E wie Exsowjetstaaten findet er einen zwielichtigen Shop in Tschechien. Der verkauft ihm Thorium-Asche und Uran-Pulver und schickt das einfach als Paket in die USA. Dazu kauft er noch ein paar Uhren, deren leuchtende Zeiger mit Radium-Lack angepinselt sind. Als David Hahn 17 Jahre alt ist, im Sommer 1994, hat er endlich alles beisammen für seinen Reaktor Marke Eigenbau.

Den Kern des Reaktors baut er aus dem Rauchmelder-Americium und dem Radium aus den leuchtenden Uhren. Diese Stoffe packt er in eine kleine Box und wickelt darum kleine Würfel aus Thorium-Asche und Uran-Pulver. Zusammengehalten wird der »Reaktor« durch Panzertape. Na gut, ein wirklicher Reaktor ist das nicht, aber eine gefährliche Strahlenquelle schon. Strahlung ist für uns Menschen deshalb so gefährlich, weil wir sie weder fühlen noch riechen, schmecken oder gar sehen können. Sie ist auch nicht abwaschbar – Strahlung bleibt, sie haftet an Oberflächen. Die Kleidung der Feuerwehrmänner, die den Brand am Kernkraftwerk Tschernobyl gelöscht haben, ist bis ins nächste Jahrtausend verstrahlt. Und weil bei David Hahn die Strahlenquelle nur von Panzertape aufgehalten wird, strahlt sie langsam alles in der Gartenhütte voll. Als er seine Neutronenquelle endlich fertiggebastelt hat, kommt David auf die Idee, dass es vielleicht schlau wäre, die Strahlung auch mal zu messen. Er besorgt sich einen Geigerzähler und stellt fest: »Oh ... Meine Neutronenquelle strahlt tatsächlich mehr als gedacht.« David geht rückwärts aus der Gartenhütte. Noch immer schlägt die Nadel wie wild aus. Er macht noch ein paar Schritte. Irgendwann steht er fünf Häuser weiter und kann immer noch Strahlung messen. Selbst dem sonst so unerschrockenen David Hahn dämmert: »Ups, ich habe ein echtes Problem.« Er rennt in die Hütte und beginnt, den Reaktor auseinanderzubauen. Ihm ist klar – er muss diesen ganzen radioaktiven Müll irgendwie loswerden, und zwar am besten nicht an einem Ort, sondern gut verteilt. Also lädt er Teile des Reaktors in den Kofferraum seines Autos, wird dabei jedoch von den Nachbarn beobachtet. Die denken, da wäre ein Fremder in ihrer Straße, der dabei ist, die Reifen von Davids Auto zu stehlen, und rufen die Polizei.

Als die ein paar Minuten später eintrifft, stellt sie David zur Rede. Der packt nämlich immer noch den Reaktor in den Kofferraum seines Autos. »Hey, was zur Hölle machst du da?«, fragt einer der Beamten. David ist erschrocken und lügt: »Ich, ähm, packe nur ein paar Einkäufe weg«, sagt er und setzt dabei sein breitestes Pfadfinderlächeln auf. Die Polizisten glauben dem 17-Jährigen natürlich kein Wort und wollen das Innere des Kofferraums durchsuchen. Worauf David sagt: »Tut das nicht, der ist radioaktiv.« Die 90er-Jahre waren eine wilde Zeit: Nachmittagstalkshows, Blödelpop im Radio und Science-Fiction im Fernsehen. Statt der Angst vor einem Atomkrieg geht in den USA die Angst vor Terrorismus um. Erst ein Jahr zuvor gab es den ersten Anschlag auf das World Trade Center. Vor allem eine Waffe raubt den Amerikanern den Schlaf: eine »Dirty Bomb«, also eine konventionelle Bombe, die mit radioaktivem Material verunreinigt wurde. Und genau daran denken die Polizisten, als sie Davids Warnung hören.

Sie rufen sofort das Bomb Squad und nehmen David fest. Als die Bombenentschärfertruppe anrückt, sind sie zunächst erleichtert. Der Junge hat gar keine Dirty Bomb im Kofferraum!

Aber dann holen sie den Geigerzähler raus. Der gemessene Wert liegt über dem Tausendfachen des Normalwerts. Sie beschlagnahmen die Neutronenquelle und entsorgen sie. Aber so wirklich gründlich sind sie dabei nicht. Denn niemand stellt sich die Frage: »Woher kommt eigentlich der ganze Kram?« Denn wie bei den Anzügen der Feuerwehr von Tschernobyl hat Davids Neutronenquelle so ziemlich alles verstrahlt, was in der Gartenhütte zu finden war. Jeden Spaten, jede Harke, jeden Blumentopf. Erst zwei Monate nach der Verhaftung stattet die NRC, also die Nuclear Regulatory Commission, der Gartenlaube einen Besuch ab. Die Bürokraten stellen zufrieden fest: Ja, hier ist jede Menge Strahlung, aber wir sind nicht zuständig. Denn die NRC ist die Aufsichtsbehörde für Kraftwerke – und nicht für Gartenlauben.

Entsprechend reisen sie wieder ab. Erst fünf Monate nach Davids Festnahme kommt die EPA, die Environmental Protection Agency, und räumt auf. Ihr fachmännisches Urteil: Alles, was in dieser Hütte ist, stellt eine große Gefahr für alle dar! Wenn es ein Feuer gibt oder starke Winde oder viel Regen, dann können diese radioaktiven Partikel meilenweit getragen werden. Was die EPA aber nicht weiß: Davids Mutter hat die Hütte schon, so gut es geht, ausgeräumt und alles auf die Müllkippe gefahren. Sie hat Angst, ihr Haus zu verlieren, wenn stadtweit bekannt wird, wie groß die Verstrahlung in ihrem Garten ist. Das führt natürlich dazu, dass die Radioaktivität noch weiter streuen kann. Die Umweltschutzbehörde schätzt, dass durch diese Rücksichtslosigkeit bis zu 40 000 Menschen radioaktiver Strahlung ausgesetzt wurden. Für Davids Nachbarn waren die Werte sogar so hoch, dass sie Krebs verursachen könnten. 1995 wird die Hütte dann endlich fachgerecht abgerissen. Knapp zwei Jahre, nachdem David seinen Reaktor fertig gebaut hatte.

Und David? Der wird wieder freigelassen, aber der Skandal macht ihn schwer depressiv. Nach dem Highschool-Abschluss weiß er nicht, was er mit seinem Leben anfangen soll, und geht zur Navy. Hier schafft er es sogar zu den Marines, wird aber wegen medizinischer Gründe ehrenhaft entlassen. Im April 2007 wird das FBI mit einem Hinweis verständigt, dass David wieder radioaktives Material sammle. Der beteuert zwar seine Unschuld, aber tatsächlich kann das FBI nachweisen, dass er zahlreiche Rauchmelder in seinem Appartmentkomplex abmontiert hat. David wird verhaftet. Auf dem Mugshot, also dem Polizeifoto, hat er ein völlig von Wunden übersätes Gesicht – ein Anzeichen von Verstrahlung. Die Ermittler stellen fest, dass bei David eine paranoide Schizophrenie vorliegt – die Medikamente hat er abgesetzt und versucht sich stattdessen selbst mit Kokain zu behandeln. Nach 90 Tagen wird er aus der Untersuchungshaft entlassen. Nachweisen kann das FBI ihm nichts. Trotzdem nimmt die Geschichte ein trauriges Ende. 2016 stirbt David Hahn an einer Alkoholvergiftung. Der radioaktive Pfadfinder hat sein ganzes Leben nach einer chemischen Reaktion gesucht, die sein Leben besser macht. Gefunden hat er sie leider nie.

ER IST UNKILLBAR

Die Top fünf der unnötigsten Tode: Michael Malloy

Was wohl das Leben eines Alkoholikers aus NYC, der seine Rechnungen nicht bezahlt, wert ist? 3576 Dollar, um genau zu sein. In genau dieser Höhe nämlich schließt eine Mörderbande, die später nur noch »Murder Trust« genannt wird, eine Lebensversicherung für den stadtbekannten Trunkenbold Michael Malloy ab. Sie wollen ihn umbringen, haben aber die Rechnung nicht mit dem Schicksal gemacht: Denn Michael Malloy wird wie durch ein Wunder neun Mordanschläge überleben. Manche Quellen sprechen sogar von bis zu 33 Attentatsversuchen. Es ist offenbar wie bei einer Tüte Chips – wenn man einmal anfängt zu morden, kann man nicht mehr aufhören.

New York City im Jahr 1932: Die Weltwirtschaftskrise hat die Stadt fest in ihrem Griff. Vor den Armenhäusern stehen die Menschen Schlange, Eltern wissen nicht, wie sie ihre Kinder ernähren sollen, die Kriminalität schnellt nach oben. Und als wäre das nicht schon schlimm genug, ist auch noch Alkohol verboten – zumindest offiziell. Trinker müssen sich in sogenannte Speakeasys flüchten, Flüsterkneipen, die in Hinterräumen oder versteckten Kellern betrieben werden. In diesen Etablissements, die meist von der Mafia betrieben werden, kann noch gezecht werden.

Michael Malloy ist Stammkunde einer Flüsterkneipe in der Bronx. Hier stolpert er jeden Morgen mit den Worten »Dasselbe wie immer, danke« an den Tresen, säuft sich besinnungslos, nur um dann später auf dem Boden einzuschlafen. Dieses Schauspiel beobachtet Besitzer Tony Marino jeden Tag. Genervt schreibt er die Drinks, die Malloy mal wieder nicht zahlen kann, auf seinen ellenlangen Zettel.

Eines Tages – vermutlich schnarcht Malloy mal wieder auf dem durchgesifften Boden vor sich hin – hat Marino eine Idee.

»Warum schließen wir für den lieben Malloy nicht eine Lebensversicherung ab? Um den Rest kann ich mich kümmern«, sagt er zu drei seiner Freunde und Stammgäste: Daniel Kreisberg, Joseph Murphy und Frank Pasqua. Pasqua weiß genau, was mit »Ich kümmere mich« gemeint ist, es wäre nicht das erste Mal, dass Marino Versicherungsbetrug begeht. Schon ein Jahr zuvor überredete Marino die obdachlose Mabelle Carson, eine Lebensversicherung in Höhe von 2000 Dollar abzuschließen. Mit Marino als Begünstigtem. Im Gegenzug könne sie bei ihm in einem Hinterzimmer der Kneipe einziehen. In einer kalten Nacht füllte Marino die Obdachlose dann so ab, dass sie nicht mehr mitbekam, als Marino ihr alle Kleider vom Leib riss, die Matratze mit kaltem Wasser tränkte, sie ins Bett legte und die Fenster weit aufriss. Die Versicherung und die Rechtsmediziner kamen zum einzig logischen Schluss: Tod durch Lungenentzündung. Marino streicht die volle Summe ein – 41 000 Dollar in heutiger Währung.

Dasselbe plant er nun für Malloy. Genau wie bei Mabelle Carson weiß auch von Malloy niemand so wirklich, woher er kommt. Er ist Ire, hat keine Familie, keine Freunde und war früher einmal Feuerwehrmann, zumindest so lange, bis er wegen Trunkenheit gefeuert wurde. Heute lebt er weitestgehend auf der Straße und verdient sein Geld mit Straßenkehren – obwohl ihm eine direkte Bezahlung in Alkohol viel lieber wäre. »Der macht es eh nicht mehr lang«, sagt Marino und fügt hinzu: »Und wer würde so einen Typen überhaupt vermissen?« Die vier Gauner hecken einen scheinbar bombensicheren Plan aus. Sie wollen bei zwei Unternehmen Lebensversicherungen auf den alten Malloy aufnehmen. Auf knapp 81 000 Dollar würde die Summe sich heute belaufen, ein schöner Betrag für eine Arbeit, die sich wahrscheinlich von allein erledigt.

Drei Monate und ein paar gefälschte Ausweispapiere später trudeln endlich die begehrten Versicherungspolicen ein. Mike Malloy liegt schon wieder bewusstlos am Tresen, sein Deckel ist inzwischen mehrere Seiten lang. Da weckt ihn Tony Marino: »Mike! MIKE!!!« Er stellt ein großes, frisch gezapftes Bier vor Malloys Nase. Der kommt so langsam wieder zu Sinnen.

»Mike, ich finde, wir müssen hier mal was ändern. Du kommst seit Jahren in meine Kneipe und ganz ehrlich: Du wirst deinen Deckel nie bezahlen können. Aber die Jungs und ich, wir haben gesprochen. Wir mögen dich, du gehörst ab sofort zur Gang. Ab heute trinkst du umsonst, okay? Und das Zimmer hinten kannst du auch beziehen, dann musst du nicht mehr auf der Straße schlafen.« Malloy kann sein Glück nicht fassen und bestellt erst mal noch einen Whiskey. Marino stößt mit ihm an und grinst in sich hinein. Vielleicht erledigt sich die Sache ja heute schon, denn der erste Plan des Murder Trust ist es, den natürlichen Lauf der Dinge etwas zu beschleunigen. Sie glauben, dass sich Malloy in den nächsten Jahren sowieso zu Tode trinkt, und hoffen, dass er sich eine akute Alkoholvergiftung zuzieht.

Marino, Pasqua, Kreisberg und Murphy prosten sich siegessicher zu. Alles, was sie jetzt tun müssen, ist: warten. Von ihrem Tisch können sie beobachten, wie Malloy einen Whiskey nach dem anderen runterstürzt.

Schnitt. Oder besser: Filmriss. Drei Tage später.

Michael Malloy hat in den vergangenen 72 Stunden ungefähr alles weggetrunken, was Marinos Spelunke zu bieten hat. Wo anderen schon längst der Magen ausgepumpt worden wäre, macht Malloy einfach weiter. Er trinkt, bis ihm sein Arm vom Halten der Flasche schmerzt. Als er am dritten Tag mit einem gelallten »Dasselbe wie immer, danke« an den Tresen wankt, hat Marino die Schnauze voll. Der erste Versuch, ihn umzubringen, ist gescheitert, jetzt müssen härtere Geschütze aufgefahren werden. Er schlägt vor, dass man ihm einfach eine Kugel in den Schädel jagen könnte, wird aber von seinen Komplizen im Zaum gehalten. Es müsse ja immer noch wie ein Unfall aussehen! »Na gut ...«, meint Marino, »dann bekommt er jetzt eben das hier«, und stellt eine Flasche Holzalkohol auf den Tisch.

Holzalkohol ist Industriealkohol und hochgradig gefährlich. Selbst kleine Mengen können schon zur Erblindung führen. Im Zeitalter der Prohibition ist eine Holzalkoholvergiftung eine der häufigsten Todesursachen. Marino gibt Malloy erst einmal ein paar Whiskey, damit dieser nicht die bittere Note des Holzalkohols schmeckt – und tauscht dann die Flasche aus. Die mörderischen vier schauen jetzt ganz gebannt zu, was passiert. Malloy trinkt und trinkt – bis er schließlich vom Stuhl kippt und sich auf dem Boden der Flüsterkneipe zusammenkauert. Frank Pasqua schlendert zu Malloy, kniet neben ihm auf dem Boden. Er fühlt seinen Puls, hört ihn leise atmen. Er ist sich sicher: Wenn sie ihn hier jetzt so liegen lassen, dann ist das seine letzte Nacht.

Am nächsten Morgen liegt Malloy immer noch auf dem Boden. Aber dann ... rühren sich seine Glieder, er streckt sich, wischt sich den Schlaf aus den Augen und zieht sich mühsam auf den Barhocker: »Dasselbe wie immer, danke.«

Ein neuer Plan muss her. Dieses Mal kommt er von Joseph Murphy. Er bereitet Mike Malloy ein ganz besonderes Sandwich zu: Toast, Butter, verrottete Sardinen, Metallspäne und

Glasscherben. Sie hoffen, dass er an den inneren Blutungen und der unausweichlichen Lebensmittelvergiftung zugrunde gehen wird. Aber Malloy isst brav sein Sandwich, stößt einmal kurz auf und fragt nach einem zweiten.

Die Nerven der Mördertruppe liegen blank. Was ein todsicheres, schnelles Ding sein sollte, zieht sich nun schon über Monate hin. Sogar Weihnachten und Neujahr 1932 hat die Schnapsdrossel überlebt. Das ist auch eine finanzielle Belastung, denn Malloy trinkt ihnen nicht nur den Schnapsschrank leer, sondern die horrenden Versicherungsbeträge machen sich auch auf ihrem Konto bemerkbar. Der Murder Trust trifft sich zu einer Krisensitzung. Marino erzählt den anderen dreien von der Methode, die schon bei der obdachlosen Mabelle Carson funktioniert hat, und sie beschließen: Lasst uns Malloy mit Eiswasser tränken und dann vor die Tür jagen. Als dieser es sich an dem Abend mal wieder im Vollsuff auf dem Boden der Kneipe gemütlich macht, tragen ihn die vier Männer in Pasquas Auto und fahren ihn in einen Park in der Bronx. Dort legen sie ihn auf einer Bank ab, überschütten ihn von Kopf bis Fuß mit Wasser und hoffen, dass Mutter Natur ab hier übernimmt. Es ist bitterkalt in dieser Januarnacht des Jahres 1933. Diese Nacht wird er nicht überleben.

Als Marino am nächsten Morgen in seine Bar kommt, sieht er schon, wie Mike Malloy an seinem Stammplatz sitzt. Er ist halb erfroren, aber hat es irgendwie geschafft, wieder in die Kneipe zu kommen. Ihm sei nur ein »bisschen kalt« gewesen.

Wieder Krisensitzung im Hinterzimmer: Einer der vier Möchtegernmörder schlägt vor, dass man Malloy ja auch einfach überfahren könnte. Einem befreundeten Taxifahrer werden 150 Dollar geboten, damit er den wie immer sturzbesoffenen Malloy umnietet. Mit mehr als 80 Sachen erwischt der ihn frontal. Und um ganz sicher zu gehen, setzt der Fahrer mehrmals vor und zurück, bevor er in der New Yorker Nacht verschwindet. Am nächsten Tag ist von Malloy keine Spur. Der Murder Trust freut sich schon. Die Versicherungspolicen sind auf einen gefälschten Bruder Malloys ausgestellt. Joseph Murphy gibt sich als jener aus und ruft nun in jedem Krankenhaus der Stadt an, in der Hoffnung, dass er den Totenschein abholen kann. Merkwürdig, kein Krankenhaus hat einen betrunkenen Obdachlosen aufgenommen, der in einen Autounfall verwickelt war. Auch in den Leichenschauhäusern der Stadt ist keine Spur von Malloy. Fünf Tage nach dem »Unfall« wird die Tür zu Marinos Flüsterkneipe aufgestoßen. Ein von Kopf bis Fuß bandagierter Mann tritt ein und setzt sich mit einem lauten »Ich könnte sterben für einen Drink« auf seinen Stammplatz. Malloy hat auch diesen Mordversuch überlebt.

Je nach Quelle soll es mehr als 30 Mordversuche in dem halben Jahr gegeben haben, Malloy überlebt jeden einzigen. Am 21. Februar 1933 schafft es der Murder Trust dann endlich. Sie lassen jede Vorsicht fahren und ermorden ihn zu viert im Hinterzimmer der Kneipe, indem sie ihm einen Gummischlauch in den Mund stecken und diesen an die Gasleitung anschließen. Anschließend wird ein befreundeter Arzt bestochen, der einen Totenschein mit der Todesursache Lungenentzündung ausstellt. Die Bande hatte insgesamt drei Versicherungen bei zwei Instituten abgeschlossen – eines von ihnen zahlt umgehend, 800 Dollar werden unter den vier Männern geteilt. Als die zweite zur Auszahlung bereit ist, kann das Geld nicht umgehend ausgezahlt werden, weil Murphy, der falsche Bruder, gerade im Gefängnis sitzt. Das sorgt für Misstrauen bei der Versicherung, die daraufhin den Fall noch mal aufrollt und die Polizei bittet, bei den Ermittlungen zu helfen. Da die Bande alles andere als diskret war, links und rechts Komplizen bestochen und in ihre Pläne eingeweiht hat, kommt alles schnell ans Licht. Malloy wird exhumiert und zum Mordfall. Der Murder Trust kommt vor Gericht und wird zum Tode verurteilt. Ihren Familien hinterlassen sie kein Vermögen. Zusammen haben die vier Haupttäter 16 Dollar und 5 Cent. Das reicht für ein paar Bier und Whiskey in Marinos Kneipe. Aber mehr auch nicht.

VASA WAS?

oder: Wie das größte und schönste Schiff Schwedens bei seiner Jungfernfahrt unterging

Kapitän Söfring Hansson tigert in seiner Zelle auf und ab. Im Kopf geht er noch einmal genau durch, was heute passiert ist. Hat er fehlerhafte Anweisungen gegeben? Hat er die Karte falsch gelesen? Hat er übersehen, dass seine Besatzung betrunken war? Bis zu 50 Menschen seiner Besatzung sind tot. Das Schiff liegt auf dem Grund der Stockholmer Bucht. Kapitän Hansson ist gerade so mit dem Leben davongekommen – und wurde gleich danach festgenommen. Zeit für Trauer bleibt ihm nicht, denn auch sein eigenes Schicksal steht auf dem Spiel. Das Schiff, das der Kapitän versenkt hat, war das teuerste, schönste und prachtvollste der schwedischen Marine: die Vasa. Und nicht nur das: Es war brandneu. Keine 1300 Meter hat die Vasa geschafft, bis sie vor den Augen zahlreicher Schaulustiger unterging. Einschließlich derer des Königs Gustav II. Adolf von Schweden, für den die Vasa nicht nur ein Prestigeprojekt, sondern auch militärische Absicherung ist. Am 10. August 1628 gehen all die Träume des Königs baden. Wie kann es sein, dass ein nigelnagelneues Schiff noch nicht mal aus der Hafenbucht rauskommt?

Während des Dreißigjährigen Kriegs ist es Gustav II. Adolf gelungen, Schweden zur Großmacht auszubauen. Große Teile

Finnlands, Estlands und Lettlands gehören damals zu Schweden. Dennoch sieht der König seine Macht von allen Seiten bedroht – besonders die katholischen Polen bereiten ihm große Kopfschmerzen. Um die Gefahr aus dem Süden in Schach zu halten, beauftragt er in den 1620ern eine umfassende Aufrüstung der schwedischen Marine. Und das größte und schönste Schiff dieser Flotte soll die Vasa werden – benannt nach dem schwedischen Königsgeschlecht. 1624 wird die Galeone in Auftrag gegeben. Die besten Schiffsbauer der Zeit kommen aus den Niederlanden, und so heuert der König Henrik Hybertsson und Arendt de Groot an, die das Prachtschiff bauen sollen. Auch die meisten Zimmerleute, die Planke für Planke zusammennageln, stammen aus den Niederlanden. Während de Groot durch das gesamte schwedische Reich fährt, um das passende Holz für das Schiff aufzutreiben, kümmert sich Hybertsson um den eigentlichen Bau. Pläne gibt es damals keine – die niederländischen Schiffsbauer haben im Kopf, wie man ein Schiff baut. Sie wissen einfach, wie es geht.

Nur haben sie da die Rechnung nicht mit dem schwedischen König gemacht. Denn ein Schiff, das den Namen seiner Familie trägt, muss auch entsprechend imposant sein. Zunächst bestellt Gustav von den Zimmerern aufwendige Kunstwerke. Gesagt, getan. Das Innere des Schiffs zieren bald mehr als 700 Skulpturen und Schnitzereien, die nicht nur Szenen aus der Bibel, sondern auch die Geschichte des Königshauses darstellen. Einige der Skulpturen sind teilweise sogar vergoldet, was das Schiff natürlich deutlich schwerer macht – aber die geübten Schiffsbauer können damit umgehen.

Womit sie viel schwerer umgehen können, sind die zahlreichen baulichen Veränderungen, die Gustav II. Adolf von Schweden fordert. Eine der größten Änderungen kommt 1625 – in diesem Jahr hört der König, dass Dänemark ein Kriegsschiff mit zwei Kanonendecks baut. Wenn die Vasa vom Stapel läuft und nur ein Kanonendeck hat, wäre das natürlich wahnsinnig peinlich. Also ordnet er an, das Schiff zu vergrößern. Statt einen 111-Fuß-Kiel zu haben, sollte es nun 135 Fuß messen. Das zweite bestellte Deck vergrößerte das Schiff auch noch nach oben hin, was naturgemäß den Schwerpunkt weiter nach oben verschiebt. Darüber hinaus ordnet der König an, dass die Vasa mit den dicksten Kanonen ausgestattet wird, die das Königreich zu bieten hat. Die Schiffsbauer rechnen bis dahin mit leichten 12-Pfund-Kanonen – der König will aber das Doppelte. Und zwar auf beiden Decks. Es ist ein bisschen wie beim Berliner Flughafen BER: Während des Baus werden andauernd die Pläne verändert – Pläne, die noch nicht einmal existieren. Auf der Baustelle entsteht jedenfalls nach und nach Chaos. Dazu kommt noch, dass ein Jahr vor Fertigstellung der Baumeister Hybertsson stirbt. Sein Nachfolger wird Hein Jacobsson, der während des Gerichtsprozesses nach dem Untergang beteuert, alles genau so fertig gebaut zu haben, wie sein Vorgänger es geplant hat.

Heute wissen wir, dass das Schiff einfach zu schwer war. Der König greift in »Best Practice«-Methoden der Schiffsbauer ein, die nicht die mathematischen Formeln haben, um jetzt neu zu berechnen, wie man das Schiff seetüchtig bekommt. Eigentlich hätte man das zweite Kanonendeck komplett räumen müssen, damit die Vasa gut im Wasser liegt. Aber dann hätte man aus dem Schiff auch gleich einen Ausflugsdampfer machen können, mit Grüßaugust Gustav II. Adolf an Deck. Kapitän Söfring Hansson wusste übrigens, dass mit seinem Schiff etwas nicht stimmt. Schon im Frühjahr 1628, da liegt das Schiff bereits im Wasser, lässt er 30 seiner Männer immer wieder von einer Seite des Decks zur anderen laufen. Das Schiff gerät stark ins Wanken. Aber diese Information erreicht nie den König. Niemand will sich die Blöße geben, den Bau, der sich ohnehin schon zu lange hinzieht, noch einmal zu verlängern.

Als das Schiff am 10. August 1628 seine Jungfernfahrt bestreitet, ist in knapp 20 Minuten alles vorbei. Weil der König natürlich auch Salutschüsse bestellt hat, sind die Fenster der Kanonendecks geöffnet. Als dann ein schwerer Windstoß Wasser in das untere Kanonendeck drückt, liegt es immer tiefer in der Bucht – und läuft schlussendlich voll. Manche Quellen sprechen von 53 Menschenleben, die der Untergang der Vasa kostet. Besonders auf den Kanonendecks kann sich die Besatzung nicht retten.

333 Jahre wird die Vasa auf dem Grund der Stockholmer Bucht liegen bleiben. Die wertvollen Kanonen hat man mit Tauchkugeln schon im 17. Jahrhundert wieder ans Tageslicht befördert, doch das Schiff bleibt am Grund der Bucht liegen. Erst 1961 wird es geborgen – und zwar in einem hervorragenden Zustand. Das Stockholmer Hafenwasser hat eine besondere Zusammensetzung – es ist frei von Sauerstoff, säurefrei und klar. Heute steht die Vasa im Vasa-Museum, das um das Wrack herum gebaut wurde. Und noch eine Sache hat überdauert: die spezielle Art von institutionellem Fehler, der den Untergang herbeigeführt hat. Während der Anhörungen vor Gericht konnte nicht ein klarer Schuldiger festgemacht werden. Sowohl die Schiffsbauer als auch Kapitän Hansson kommen frei. Jahrhunderte später wird in der Management-Theorie ein Begriff nach diesem Fehler benannt: das Vasa-Syndrom. Das schlägt immer dann zu, wenn die Auftraggeber zu sehr in ein Projekt reinpfuschen. Kann man sich mal für die nächste Betriebsversammlung merken.

YES
NO
ABCDEFGHIJKLM
NOPQRSTUVWXYZ
1234567890
GOOD BYE

DAS IMPERIUM DER GEISTERSCHWESTERN

oder: Wie drei Schwestern aus Versehen den amerikanischen Spiritismus erfunden und damit die ganzen USA zum Narren gehalten haben

Die Hydesville Road in Newark im Bundesstaat New York ist eine unscheinbare, langweilige Landstraße, wie man sie zu Zigtausenden in den USA findet. Eine lange Teerstraße mit Feldern links und rechts, wo je nach Saison Kürbis- oder Obststände aufgestellt sind. Ein paar kleinere Wäldchen gibt es und hier und da Holzhäuschen.

Eines dieser Holzhäuser ist besonders, auch wenn es auf den ersten Blick nicht sonderlich heraussticht. »Hydesville Memorial Park« steht auf einem Schild im Garten. In diesem Haus hat eine der größten Glaubensbewegungen des 19. Jahrhunderts ihren Ursprung: der moderne Spiritismus, also kurz gesagt der Glaube, mit Geistern sprechen zu können. Er wurde genau an diesem Ort von Teenagerinnen begründet – oder sagen wir besser: erfunden?

Als Catherine »Kate« und Margaretta »Maggie« Fox mit ihren Eltern John und Margaret 1847 nach Hydesville in das kleine Farmhaus ziehen, geht bereits das Gerücht um, dass es darin spukt. Nachbar:innen wollen immer wieder komische Geräusche gehört haben, es soll zu unerklärlichen Phänomenen gekommen sein. Familien, die in dem Haus gelebt haben, sind Erzählungen zufolge reihenweise wieder ausgezogen und haben das Weite gesucht. Nicht so die Familie Fox. Auch sie hören die vermeintlichen Geräusche, ja ... Allerdings gehen sie mit dem Problem anders um.

Die Geschichte lautet in jeder Überlieferung ein bisschen anders, ungefähr aber so: Am 31. März 1948 liegen Kate und Maggie in ihrem Schlafzimmer unter dem Spitzdach des kleinen Holzhauses. Und da sind sie wieder: diese Geräusche, die sie nicht schlafen lassen. Etwas klopft, etwas knarzt, etwas schleift: Es ist, als wollten ihnen die Wände etwas sagen. An diesem Abend beschließen die Schwestern, dem Rätsel auf den Grund zu gehen. Anstatt die Geräusche einfach nur hinzunehmen, antworten sie ihnen – und versuchen, sie aus der Reserve zu locken. Und zwar ganz offensiv. »Do as I do!«, rufen sie, und dann klatscht eine der Schwestern dreimal in die Hände. Und tatsächlich: Es klopft dreimal zurück. Unfassbar!

Maggie, damals wahrscheinlich 15 Jahre alt, und ihre schätzungsweise elfjährige Schwester (die Geburtsdaten sind nicht genau überliefert) probieren noch ein bisschen weiter, sich mit dieser unsichtbaren Erscheinung auszutauschen, und quetschen überraschend schnell überraschend detailreiche Infos aus dem Geist. So Infos wie seinen Namen, seinen Wohnort und seinen Beruf. Die Teenagerinnen finden durch Klopf- und Schnipsgeräusche heraus, dass es sich um den Geist des verstorbenen Charles Rosna handelt: ein Familienvater und Händler aus Hydesville, der vor fünf Jahren in dem Haus, in dem sie nun leben, ermordet wurde. Freundlicherweise erzählt er den Mädchen auch direkt, wo seine sterblichen Überreste zu finden sind – zwecks Beweismaterial.

In dem kleinen Ort machen die News schnell die Runde: Die Töchter Fox, die sprechen mit Geistern! Kommt mal alle her und zieht euch das rein! Die überzeugte Mama Fox lädt Nachbar:innen ein, damit alle sehen können, was bei ihnen zu Hause vor sich geht. Maggie, die forschere der beiden Schwestern, beginnt also vor aller Augen zu demonstrieren: »Now count five«, befiehlt sie dem Geist, und schon erschüttern fünf hämmernde Klopfgeräusche den Raum. »Count 15«, ordnet sie weiter an. Und der vermeintliche Charles Rosna gehorcht. »If you are an injured spirit, manifest it by three raps«, treibt Fox es schließlich auf die Spitze. Und was soll man sagen ... Der Geist macht genau das.

Mit ihrem Spuk werden die Fox-Sisters zu lokalen Berühmtheiten. Immer mehr Menschen aus dem Ort kommen zu ihnen, um sich ein Bild zu machen. Die Geistersessions der Schwestern sind faszinierend, aber irgendwie fragen sich die Leute dann doch: Ist es nur das Haus, von dem der Spuk ausgeht – oder haben Maggie und Kate wirklich außergewöhnliche Fähigkeiten?

Die Familie beschließt darum, und wegen des größer werdenden Hypes, dass die zwei Schwestern erst mal weg sollen aus Hydesville. Sie werden ins nahe gelegene Rochester geschickt, um dort mit ihrer ältesten Schwester Leah zu leben. Aber auch da hören die gespenstischen Aktivitäten nicht auf.

Bald werden die Vorsteher der Gemeinde, Isaac und Amy Post, auf die Schwestern und ihre unglaublichen Fähigkeiten aufmerksam. Die Posts sind beide um die 50 und praktizierende Quäker. Sie glauben also daran, dass es in jedem Menschen eine Art »inneres Licht« gibt, und üben ihren Glauben aus, indem sie gemeinsam mit anderen schweigen. Bald laden Isaac und Amy Post Kate, Maggie und Leah ein, auch bei ihnen im Haus die Geister zu wecken. Und die Schwestern liefern. Nachdem Leah es schafft, mit der verstorbenen Tochter der Posts Kontakt aufzunehmen, sind Isaac und Amy Post überzeugt, dass das hier etwas ganz Großes ist. Sie werden zu einer Art Mentoren in der frühen Karriere der Schwestern und beschließen, die drei in der größten Veranstaltungshalle Rochesters, in der Corinthian Hall, auf die Bühne zu bringen. Vor rund 400 Leuten, viele davon aus der Quäker-Gemeinde, zeigen Leah, Kate und Maggie im Jahr 1849, wie sie Verstorbene zum Reden bringen. Vorher werden sie sogar durchsucht und abgetastet, um sicherzugehen, dass hier niemand bescheißt. Beweise werden aber keine gefunden, und so sind sich alle sicher: Diese jungen Frauen haben übersinnliche Skills.

Der Auftritt in Rochester ist ein Meilenstein. Es ist das erste Mal, dass in den USA auf einer Bühne und vor Publikum eine Geisterbeschwörung demonstriert wird. In den Wochen und Monaten nach dem Auftritt werden die Fox-Sisters über die Stadtgrenzen hinaus bekannt. Dabei ist wichtig zu verstehen: Das Thema hat auch ein geschichtliches Momentum.

In den USA des 19. Jahrhunderts haben verschiedene religiöse Strömungen Aufwind. Prediger reisen durchs Land, Gemeinden von Mormonen, Baptisten und Methodisten wachsen. Um 1830 spricht man sogar von »America's Second Great Awakening« – einer Zeit, in der die Religion wieder einmal ein Comeback feiert, nachdem sie die britischen Kolonien in Nordamerika zwischen 1730 und 1770 bereits zum ersten Mal erfasst hat. Wahrscheinlich sehnen sich die Menschen in diesen Zeiten nach einem Anker. Denn Mitte des 19. Jahrhunderts ist der Tod allgegenwärtig. Die durchschnittliche Lebenserwartung beträgt damals nur knapp 50 Jahre. Es kursieren Krankheiten, die noch nicht heilbar sind, wie Krupp, Scharlach oder Diphtherie. Die Kindersterblichkeit ist hoch, Mütter sterben am Kindbettfieber oder überleben die Geburt nicht. Angehörige sterben oft in den eigenen vier Wänden, und die Leichen werden im Anschluss von der Familie gepflegt und zum Abschiednehmen im eigenen Bett aufgebahrt. In den 1860ern kommt der Bürgerkrieg hinzu, der neueren Forschungen zufolge rund 780 000 Opfer fordert. Viele Leute verspüren da ein tiefes Bedürfnis, weiter mit ihren verstorbenen Angehörigen zu kommunizieren. Des einen Leid ist des anderen Karriereleiter. Na ja, jedenfalls gut für die Fox-Sisters!

Die älteste Schwester Leah ist zwar als Letzte auf den Geisterbeschwörungszug aufgesprungen, aber sie findet schnell ihren Platz und wird so was wie die Managerin der drei. Leah wittert Ruhm und Geld und will den Geisterspuk im ganz großen Stil rausbringen. Die Schwestern veranstalten nun auch private Séancen, also Sitzungen, bei denen eine kleinere Gruppe an einem Tisch sitzt und über ein Medium (eine Fox) mit Geistern kommuniziert. Damals bekannte Leute wie die Schriftsteller Horace Greeley, William Cullen Bryant oder James Fenimore Cooper sollen an ihre Fähigkeiten geglaubt haben. Weil ihnen der bescheidene Ruhm jedoch nicht genügt, machen Leah, Kate und Maggie auch weiter Events vor großem Publikum. Natürlich gegen Eintritt. In den frühen 1850ern gehen die Schwestern auf Tour, ein bisschen so wie eine Rockband: Cleveland, Cincinnati, Columbus, Washington, D.C., Philadelphia. Kate und Maggie betreten die Bühne, führen Special Effects wie Lichterflackern vor, Leah zählt die Scheine. Sie lernen die wichtigen und einflussreichen Menschen ihrer Zeit kennen und verdienen so viel Geld, dass sie unabhängig sind – was für Frauen damals alles andere als selbstverständlich ist. Alles ist perfekt. Bis Männer in ihr Leben treten.

1852 verliebt sich Maggie Fox auf einer der Touren in einen gewissen Elisha Kane, die beiden werden ein Paar. Er ist 13 Jahre älter als Maggie, Katholik und Arzt. Kane hat einen großen Forschergeist und sogar schon Teile der Küste vor dem Golf von

Mexiko vermessen. Er ist der Wissenschaft also zugewandt und glaubt nicht an die Zaubertricks seiner Partnerin. Und Maggie scheint der Zweifel ihres neuen Freundes aus der Seele zu sprechen. Sie war insgeheim wohl schon länger nicht mehr überzeugt von den eigenen Methoden, konnte dem Druck ihrer beiden Schwestern letztlich jedoch nie standhalten. Jetzt aber bringt Elisha Kane sie zum Umdenken. Doch 1857, gerade als Maggie dem Spiritismus abschwören will, stirbt Kane, und sie steht wieder allein da. Zwar lässt sie sich katholisch taufen, dem Business ihrer Schwestern muss sie sich aus finanziellen Gründen jetzt aber trotzdem wieder anschließen. Frust und Trauer treiben Maggie zum Alkohol.

In den folgenden Jahren haben auch ihre Schwestern immer wieder Beziehungen oder sogar Ehen, die meist schnell enden. Leah soll mit ihrem dritten Ehemann ab 1858 ein eher ruhiges Leben geführt und viele Privatséancen gegeben haben. Kate lebt für einen Mann sogar rund zehn Jahre in England, bis sie 1881 mit zwei Söhnen nach New York zurückkehrt. Wie Maggie greift sie, so heißt es, danach immer häufiger zur Flasche. Und sie erzählt einem Journalisten wohl davon, bald aufzudecken, was wirklich hinter ihren spirituellen Fähigkeiten steckt.

Es ist 1888. Und das wichtigste Jahr in der Karriere der Schwestern Fox beginnt. Schon länger brodelt es in der Spiritismus-Szene: Wollen die Fox-Sisters bald Klartext sprechen?

Leah hat sich ohnehin in den letzten Jahren zurückgezogen. In Maggie und Kate hat es weitergearbeitet, und so wagen die beiden einen Schritt, der alles verändern soll. Am 21. Oktober treten sie in der New Yorker Musikakademie vor Hunderten Spiritist:innen auf und enthüllen vor versammelter Mannschaft das Geheimnis des Spuks. In Anwesenheit ihrer Schwester verliest Maggie folgendes Statement:

»Ich bin jetzt bereit, die Wahrheit zu sagen, die ganze Wahrheit und nichts als die Wahrheit, so wahr mir Gott helfe! (...) Ich bin hier heute Abend als einer der Gründer des Spiritualismus, um ihn als absolute Lüge von Anfang bis Ende zu verurteilen, als den dümmsten der Aberglauben, die schlimmste Blasphemie, die die Welt kennt.«

Die Schwestern hätten mit dem übernatürlichen Schauspiel nur angefangen, weil sie ihrer abergläubischen Mutter einen Streich spielen wollten. Maggie hätte sich einen Apfel in den Socken gesteckt, um das Klopfen zu imitieren. Knackende Geräusche hätte sie mit ihrem Zehgelenk gemacht – was ein Arzt vor Ort wohl auch direkt noch untersucht und als wahr bestätigt.

Das Bekenntnis der Fox-Schwestern kommt nicht gut an. Die spiritistische Gemeinde ist erzürnt. Manche sagen, der Alkohol hätte Maggie schon so kaputtgemacht, dass sie diese Lüge verbreite. Andere meinen, Maggie und Kate hätten die vermeintliche Beichte nur abgelegt, um ihrer Schwester Leah eins auszuwischen, weil die mit ihrem Ehrgeiz, immer mehr zu verdienen, zu großen Druck ausgeübt hätte. Sie beharren darauf, dass ihre Ansichten richtig sind. Kennt man auch heute noch irgendwoher. Richtig aufgeklärt wird das Ereignis nie. Leah, Maggie und Kate sterben alle mit wenigen Jahren Abstand zwischen 1890 und 1893. Der Spiritismus allerdings lebt bis heute.

»Charlie, Charlie, are you here?« Wer 2015 im Internet war, hat das sicherlich auch schon mal gehört. Auf Social Media versammeln sich im Frühsommer auf der ganzen Welt Teenager:innen in kleinen Grüppchen, um einen Geist namens Charlie heraufzubeschwören. Klar, viele meinen das nicht ernst – genügend andere aber schon. Der moderne Spiritismus lebt. Und schuld daran sind die Fox-Sisters.

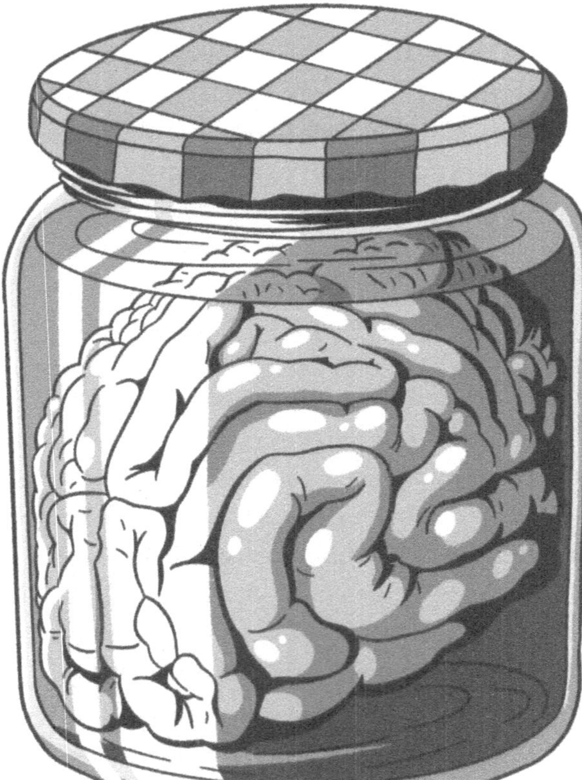

EINSTEIN IN DER TUPPERDOSE

oder: Wie ein Pathologe das Gehirn des berühmtesten Physikers der Welt mit nach Hause nahm und knapp 50 Jahre nicht wieder rausrückte

Dr. Thomas Stoltz Harvey sollte eigentlich gerade gar nicht hier sein. Zielstrebig geht er einen der dunklen, langen Gänge des Princeton Hospitals runter, vorbei an seinem Büro, in Richtung eines Untersuchungsraums der Pathologie. Ein besonderer Fall wartet dort auf ihn. Sein Kollege und ehemaliger Lehrer, Dr. Harry Zimmerman, hat ihn gebeten, seine Schicht zu übernehmen und eine ganz besondere Autopsie durchzuführen. Harvey ist Chef der Pathologie hier im Princeton Hospital. Er hat im Laufe seiner Karriere bereits einiges gesehen, doch dieser Einsatz wird sein Leben für immer verändern.

Dr. Thomas Harvey betritt den Untersuchungsraum. Überall grüne Fliesen, Vakuumgeräte, Schläuche, das Licht ist grell. In der Mitte liegt einsam der Leichnam eines 76 Jahre alten Mannes. Verstorben heute, am 18. April 1955, in den frühen Morgenstunden. Ehrfurcht erfüllt Harvey, als er an die Bahre tritt und auf den leblosen Körper von Albert Einstein blickt. Sein Tod ist erst wenige Stunden her, wahrscheinlich hat die Presse schon Wind davon gekriegt, die Zeitungen werden Aufmacher drucken, die ganze Welt wird am Ableben des Genies

Anteil nehmen. Und er, Thomas Harvey, soll seine Leiche nun untersuchen.

Albert Einstein hatte ein abdominelles Aortenaneurysma – und zwar schon viele Jahre vor seinem Tod. Das heißt, seine Hauptschlagader im Bauchraum war vergrößert und drohte zu platzen. Nur Tage vor seinem Ableben hatten ihm Ärzte eine möglicherweise lebensrettende OP empfohlen, doch Einstein lehnte ab. Nach kurzem Aufenthalt auf der Station im Princeton Hospital im April 1955 ist der Physiker an den Folgen des gerissenen Aneurysmas gestorben. Mit dieser Vorgeschichte sollte Thomas Harveys Arbeit also schnell gehen: Er muss lediglich das nachweisen, was ohnehin schon alle wissen, und dann, zack zack, in den Pub, um den Kumpels zu erzählen, wen man heute Unglaubliches auf dem Tisch hatte.

Doch Harvey nimmt sich Zeit. Mehr, als er muss. Das hier ist wichtig. Ein paar Fliegen sind mittlerweile im Behandlungsraum, sie schwirren um die Leiche, durch Harveys Sichtfeld. Doch der nimmt das kaum wahr. Er findet viel Blut in Einsteins Bauchraum, untersucht Herz und Venen und schließt, dass der Physiker mit einer OP vermutlich noch einige Jahre zu leben gehabt hätte.

Dann nimmt Harvey ein Skalpell, setzt es unterhalb eines Ohrs an und legt den Schädel frei. Selbstverständlich muss auch Einsteins Gehirn untersucht werden. Oder?

Harvey sägt den Schädel auf, entnimmt das Gehirn und wiegt es. Aha, 1230 Gramm. Etwas weniger als das durchschnittliche männliche Gehirn. Dann füllt er einen Behälter (böse Zungen behaupten, es wäre seine Lunchbox gewesen) mit Formaldehyd – denn eine fachgerechte Konservierung ist wichtig –, gibt das Gehirn in die Lösung und nimmt den Behälter mit nach Hause.

Hatte er den Auftrag, das zu tun? Nein. Hatte er zumindest eine Erlaubnis der Familie oder des Krankenhauses, das Gehirn aus der Pathologie zu entfernen? Keinesfalls. Hatte er überhaupt eine Idee, was er mit dem Ding zu Hause anfangen will? Absolut rein gar nicht.

Dr. Thomas Stoltz Harvey entwendet am 18. April 1955 das Gehirn von Albert Einstein. Und wird es knapp 50 Jahre lang nicht wieder hergeben.

Es ist schwer zu sagen, was Thomas Harvey zu dieser Tat motiviert hat. Vielleicht hat ihn die Hoffnung auf Ruhm und Anerkennung getrieben, diese einmalige Chance, dass er derjenige ist, der den überdurchschnittlichen Intellekt von Albert Einstein wissenschaftlich erklären kann. Konkret hat er die Frage nach der Motivation aber auch in späteren Interviews nie beantwortet. Nur so viel hat er gegenüber Reporter:innen gesagt: Er sei von den Studien von Oskar Vogt inspiriert gewesen. Vogt war ein deutscher Hirnforscher, der in den 1920ern das Gehirn von Lenin seziert und herausgefunden hatte, dass Lenin eine besonders ausgeprägte Assoziationsfähigkeit besessen habe. Diese Studien sind zwar umstritten, haben aber trotzdem Geschichte geschrieben. Vielleicht ist es das, was Harvey wollte. Seinen Platz im Geschichtsbuch.

Denn seine Karriere ist nicht schlecht, aber eben auch nicht herausragend. Thomas Stoltz Harvey ist ein normaler Junge aus Kentucky, Jahrgang 1912, der in Yale Medizin studiert hat. Ein einschneidendes Erlebnis ist eine Erkrankung, die er im dritten Studienjahr erleidet. Da infiziert er sich mit Tuberkulose, muss ein Jahr in einem Sanatorium verbringen, die meiste Zeit im Bett oder in einem Schaukelstuhl. Er muss miterleben, wie Freunde in dieser Klinik sterben. Viele Jahre später sagt er über diese Erfahrung: Dieses Jahr sei das enttäuschendste seines Lebens gewesen. Vielleicht beschließt er damals schon, dass er fortan alles geben will, um etwas zu hinterlassen, das bleibt.

»Dr. Albert Einstein Dies in Sleep at 76; World Mourns Loss of Great Scientist«, titelt die *New York Times* in der Ausgabe von 19. April 1955. Und nicht nur das steht am Morgen nach Einsteins Tod in der Zeitung. Es ist auch bereits bekannt, dass Organe, manche sagen, auch die Augen, entnommen wurden, zu »wissenschaftlichen Zwecken«, sie sollen nun in Princeton untersucht werden. Als Einsteins Sohn Hans Albert das in der Zeitung liest, ist er, milde gesagt, überrascht. Es ist das Gegenteil von dem, was sein Vater wollte, was die Familie nach dem Tod von Albert will. Es solle weder Untersuchungen geben noch ein Grab oder einen Pilgerort. Seine Asche solle im Delaware River verstreut werden und gut is'. Seiner Familie liegt also viel daran, jegliche Schlagzeilen zu verhindern.

Und auch wenn es viel Aufsehen um das Ableben des Wissenschaftlers gibt, der große Skandal um die entnommenen Organe bleibt zunächst aus. Stattdessen wird die Story etwas anders, sagen wir mal, geframt. Thomas Harvey schafft es, die wenigen Male, die er in der Öffentlichkeit interviewt oder zitiert wird, glaubhaft zu vermitteln, dass er schon mitten in den Forschungen stecke. Doch ein Gehirn zu untersuchen, sei nicht leicht, das bestätigen auch viele weitere Expert:innen immer wieder. Der Öffentlichkeit aber bleibt damit die Hoffnung, dass bald, ja vielleicht schon ganz bald, eine Wahnsinnsstudie rauskommt, die erklärt, was ein Genie zu einem Genie macht. Nachdem aber über Jahre, ja, Jahrzehnte hinweg nichts erscheint, haben die meisten die Geschichte sowieso schon vergessen. So scheint es zumindest.

Es ist 1978. Der 27-jährige Steven Levy ackert sich durch die Zeitungsarchive. Das hier soll sein erster großer Artikel für das Magazin *New Jersey Monthly* werden. Wenn die Gerüchte stimmen, sei das eine richtig fette Story, hat sein Redaktionsleiter zu ihm gesagt, ein »White Wale«! Es geht, natürlich, um Einsteins Gehirn, das in den 50ern hätte untersucht werden sollen, das sei aber womöglich nie passiert, und seitdem sei es verschollen. Die letzte Spur führt zu dem Pathologen, der die Autopsie durchgeführt hat: Dr. Thomas Harvey. Den muss Steven Levy nun also finden.

Bei seinen Recherchen findet Levy heraus, dass Thomas Harvey einige Jahre nach dem Vorfall vom Princeton Hospital gefeuert wurde und auch seine Approbation als Mediziner verloren hat. In den Jahren nach Einsteins Tod hat er noch in lokalen Zeitungen Interviews gegeben, in denen er sein Mantra wiederholte, er brauche nur noch ein Jahr, um seine Studien abzuschließen. Doch die versprochenen Forschungsergebnisse kommen nie. Rechtliche Schritte gegen ihn wurden aber auch nie eingeleitet, da es keinen Präzedenzfall für das Wegtuppern eines Gehirns (oder anderer Organe) gegeben habe. Nach diesen letzten Auftritten in der Öffentlichkeit verschwindet Dr. Thomas Stoltz Harvey von der Bildfläche. Doch eine Kollegin von Steven Levy hat einen entscheidenden Hinweis. »Du suchst nach Einsteins Gehirn?«, fragt sie ihn eines Tages. »Eine Freundin hat mal ein Foto davon gesehen.«

Steven Levy findet heraus, dass Thomas Harvey Proben des Gehirns an Wissenschaftler aus dem ganzen Land verschickt hat, allerdings hat niemand von ihnen noch Kontakt zu Dr. Harvey. Doch die American Medical Association, die amerikanische Vertretung für Mediziner:innen, gibt ihm einen Hinweis auf seinen Wohnort, und so fliegt Levy hin.

Es ist ein bewölkter Morgen in Wichita, als Steven Levy mit Dr. Harvey verabredet ist. Überpünktlich hält sein Taxi vor dem Labor, wo Harvey mittlerweile als medizinischer Leiter arbeitet. Ein kleines Testlabor, in dem Blut- und Urintests ausgewertet werden. Kein Hauch von Princeton.

Ein freundlicher Mann Mitte 60 begrüßt ihn. Graues Haar, blaue, wache Augen, er trägt Hemd und Krawatte und in seiner Brusttasche einen Kugelschreiber, der in drei verschiedenen Farben schreiben kann. Thomas Stoltz Harvey.

Harvey führt Levy durch die engen Gänge des Labors in ein Zimmer, das mehr einer Abstellkammer gleicht: Papierkartons stehen rum, eine Kühlbox, ein überfülltes Bücherregal und in der Mitte ein unordentlicher Schreibtisch, auf dem sich Papiere und Magazine stapeln. Sie setzen sich hin, und Harvey beginnt zu erzählen, was in den letzten gut 20 Jahren passiert ist.

Ja, er habe Einsteins Gehirn 1955 eingepackt und in einem mit Formaldehyd gefüllten Glas von Princeton nach Philadelphia gefahren. Dort habe es an der Universität einen Spezialisten gegeben, Dr. Erich, der das Organ fachgerecht zerteilt habe. Harvey selber habe hohes Interesse an Neuropathologie gehabt, das Fachwissen habe ihm aber gefehlt. Also habe er schnell gemerkt, dass er Hilfe brauchte, um das Genie zu erforschen. Dazu habe er übrigens auch seinen Kollegen Harry Zimmerman konsultiert und um Hilfe gebeten.

Mit den einzelnen Proben von Einsteins Gehirn sei Harvey dann durchs ganze Land getingelt. Wahrscheinlich hätte man das alles auch per Post verschicken können – aber Thomas Harvey wollte die Stücke persönlich an die auserwählten Spezialist:innen übergeben. Er wollte wissen, wem er seinen Schatz anvertraut.

Steven Levy ist weit gekommen. Er hat Harvey gefunden. Den Mann, der Einsteins Gehirn entführt hat. Und auch wenn Harvey bis zum Zeitpunkt des Interviews noch nichts publiziert hat, spürt Levy, dass Harveys Tat kein dummer Streich war, sondern von ernst gemeinter Faszination und wahrscheinlich auch von ehrlicher Absicht motiviert. Doch ein Detail in Levys Recherchen fehlt noch. Der Elefant im Raum. Wo ist Einsteins Hirn jetzt?

Thomas Harvey rutscht nervös auf seinem Stuhl herum. Er versucht zuerst auszuweichen, doch nach weiteren Nachfragen steht er plötzlich auf. Einer der Pappkartons in der Ecke ist mit zerknülltem Zeitungspapier gefüllt, auf der Seite prangt das Logo einer Cider-Marke. Er greift hinein und zieht ein großes Einmachglas raus, in dem graue, schwammige Klümpchen in transparenter Flüssigkeit schwimmen. Das ist Einsteins Kleinhirn, sagt Harvey. Er hat es wirklich noch immer bei sich.

Wie weit er mit seinen Studien sei, fragt Levy ihn noch. Ach, vermutlich dauere es noch etwa ein Jahr, aber dann würde er etwas publizieren, ganz bestimmt.

1985 schließlich erscheint eine Studie mit dem Titel »On the brain of a scientist: Albert Einstein«. Drei Jahrzehnte, nachdem Harvey das Organ entnommen hat, bittet die Neurowissenschaftlerin Marian C. Diamond von der University of California Harvey, die Proben für ihre Forschungen untersuchen zu dürfen. Sie will die Gliazellen mikroskopieren, um ihre These zu stützen, dass diese besonders in einem inspirierenden Umfeld entstehen. Und tatsächlich findet sie in Einsteins Gehirn überproportional viele Gliazellen, was bedeutet, dass der Physiker diese Gehirnareale wohl besonders stark beansprucht hat. Allerdings ist das mehr die Folge von Einsteins Klugheit und nicht der Grund. Das Gehirn war also nicht von vornherein für Genialität gebaut. Noch bis in die 2010er-Jahre wurden weitere Forschungen mit Einsteins Gehirn gemacht, die alle nicht unkommentiert blieben. Kritiker:innen meinen, es habe methodische Fehler und Voreingenommenheiten gegeben, überhaupt sei zu wenig betont worden, dass Einsteins Gehirn weitestgehend normal gewesen sei. Anders gesagt: Es gibt keinen stichhaltigen Beweis dafür, dass Genialität oder außerordentliches Talent angeboren ist. Das ist doch mal eine gute Nachricht!

42 Jahre nach der Autopsie hat sich die Pathologie in Princeton kaum verändert. Dieselben langen Gänge, dieselben grünen Fliesen, dasselbe grelle Licht. Hier wurde Einsteins Gehirn 1955 entnommen, und hierhin soll es nun zurück. 1998 bekommt der neue Leiter der Pathologie Princetons, Dr. Elliot Krauss, unerwartet Besuch. Es ist Thomas Harvey, mittlerweile Mitte 80. Im Arm trägt er einen großen Pappkarton. »Er hat nicht viel gesagt«, meint Krauss später, »aber ich glaube, er war erleichtert.«

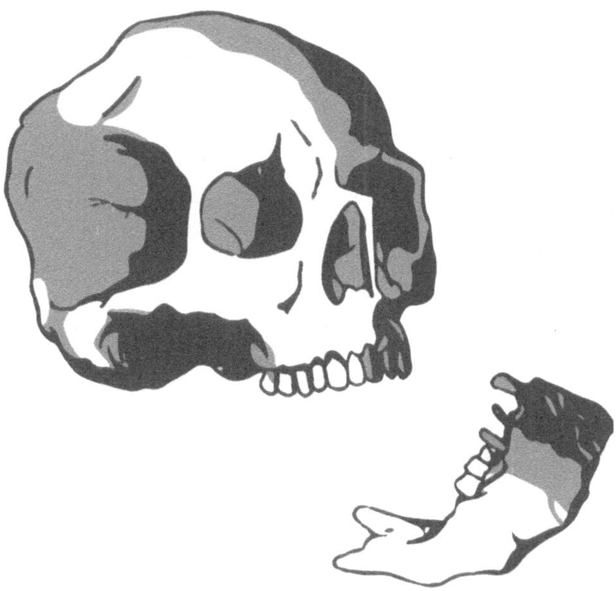

COCO-NUTS

oder: Von einem jungen Apotheker, der einen Kokosnusskult gegründet hat, um die Weltherrschaft an sich zu reißen

Hypothetische Frage: Was glauben Sie, würde passieren, wenn Sie sich von jetzt an ausschließlich von Kokosnüssen ernähren würden? Wahrscheinlich würden Sie schon nach ein paar Stunden, vielleicht nach einem Tag, ziemlich großen Hunger bekommen. Relativ schnell hätten Sie das ein oder andere Kilo verloren. Und irgendwie kann man sich ja auch denken, dass eine derart einseitige Ernährung auf Dauer zu Mangelerscheinungen führen würde.

Könnten wir August Engelhardt die Frage stellen, würde der sagen: Hammer-Idee, wer sich ausschließlich von Kokosnüssen ernährt, wird ein unsterbliches, gottgleiches Sonnenkind. Und das glaubt dieser August Engelhardt wirklich. Er glaubt es so fest, dass er dafür sogar in Kauf nimmt, dass seine »Sonnenkinder« sterben.

August Engelhardt kann man sich vorstellen wie einen Hippie in einer Zeit, bevor es Hippies gab. Er wird 1875 in Nürnberg geboren, in eine Unternehmerfamilie, passt da allerdings nie so richtig rein. Denn er ist kein Businesstyp, er ist Schulabbrecher, gern nackt, trägt lange Haare, lebt vegetarisch und ist, was gesellschaftliche Konventionen angeht, per se mal dagegen. Als junger Mann macht Engelhardt eine Lehre als Apothekerhelfer und ist immer auf der Suche nach alternativen Lebensentwürfen. In dieser Zeit hört er das erste Mal von der sogenannten Lebensreformbewegung.

In Deutschland und der Schweiz entstehen Mitte des 19. Jahrhunderts verschiedene soziale Reformerbewegungen. Sie lehnen genau das ab, was Engelhardt auch hasst: die zunehmende Verstädterung, den Materialismus und die Industrialisierung, also alles, was die Wilhelminische Gesellschaft des späten 19. Jahrhunderts an Wandel mit sich bringt. Reformer pflegen eine ökologische Lebensweise, ernähren sich vegetarisch, machen gern FKK, rauchen und trinken nicht. »Öko halt«, würde Ü50 jetzt wahrscheinlich sagen. Doch so einfach ist es nicht. Denn auch wenn sich die meisten Anhänger der Reformerbewegung auf diesen Kern, nämlich die Rückbesinnung zur Natur, einigen können, ist die Bewegung sehr heterogen. Sie wird manchmal sogar als »Querschnittsideologie« bezeichnet, weil es so viele verschiedene Strömungen gibt und Menschen aus allen sozialen Schichten dabei sind. Manche schließen sich religiösen Suchbewegungen an, einige werden zu Wanderpredigern, andere versuchen sich an Siedlungsexperimenten, und wieder andere sind vor allem an der Naturheilbewegung interessiert. Ideen wie die Kneipp-Kur, das Bircher Müsli oder das Heilfasten verdanken wir den Reformern.

Im Herbst 1899 verbringt August Engelhardt etwas Zeit in der Kuranstalt Jungborn, die erste und wahrscheinlich auch größte Naturheilanstalt Deutschlands auf einem 40 Hektar großen Areal mit Schlafhütten, Speisesälen, Gewächshäusern und Parks. Ein riesiges Sanatorium für natürliche Heilkunde. Wie lange genau Engelhardt bleibt und was er dort macht, ist nicht bekannt. Man kann sich aber vorstellen, wie sehr ihn die Zeit in der Kuranstalt geprägt hat und wie in diesem Umfeld die Idee für eine eigene, noch größere Vereinigung in ihm keimen konnte.

Nur drei Jahre später steht August Engelhardt an Deck eines Reichspostdampfers und blickt erwartungsvoll auf die Wellen der Südsee. Er ist 26 Jahre jung, hat rund 1000 Bücher und jede Menge Bock auf Aufbruch im Gepäck. Ende des 19. Jahrhunderts ist das Deutsche Reich in die Kolonialpolitik eingestiegen und hat in blutigen Kriegen Gebiete in Afrika, Asien und im Pazifischen Ozean eingenommen. Diese »Plätze an der Sonne«, wie es ein Reichskanzler mal formulierte, werden den Deutschen nun als Sehnsuchtsorte verkauft. Der Hype hat auch Engelhardt angesteckt. Doch für ihn ist die Aussicht auf ein Leben unter der Sonne des Äquators weit mehr als ein entspannter Gegenentwurf zum grauen Alltag in Deutschland. Hier kann er einen Neuanfang wagen und seine größenwahnsinnigen Ideen wahr werden lassen.

Irgendwie, vermutlich durch ein großes Erbe, ist Engelhardt zu Geld gekommen. Und so kauft er der samoanisch-amerikanischen Unternehmerin Emma Kolbe am 2. Oktober 1902 eine Kokosplantage auf der knapp einen Quadratkilometer großen Insel Kabakon ab, die heute zu Papua-Neuguinea gehört. Um die 100 Einheimische sollen zu dem Zeitpunkt noch auf der Insel gelebt haben, Engelhardt ist als einziger Weißer nun plötzlich mittendrin. Und er schmiedet einen Plan.

Engelhardt baut sich eine einfache Holzhütte und verbringt seine Zeit damit, in der Sonne zu sitzen, seine Bücher zu lesen und Kokosnüsse zu essen. Und während er, der Chef, maximal leicht bekleidet in wilden Gedanken versinkt, kümmern sich 20 Einheimische um die Bewirtschaftung seiner Plantage. Praktisch. Ihm bleibt genug Zeit, um sich extremstmöglich reinzusteigern in einen Traum vom Leben ohne die vermeintlichen Fesseln der Zivilisation. Und so beschließt Engelhardt, eine eigene Religion zu gründen: den Kokovorismus.

Seine Philosophie erklärt er aufgrund folgender Vorstellung: Die Kokosnuss sei die Frucht, die der Sonne am nächsten ist. Und die Sonne sei bekanntlich der Urquell allen Lebens, aller irdischen und himmlischen Kraft. Die Menschen, die »Sonnenkinder«, müssten zu ihr zurückkehren. Auch die Form der Kokosnuss deute darauf hin, dass sie die einzig wahre Nahrung für den Menschen sei, immerhin habe sie ja schon die Form eines Menschenkopfs. Gott, der »vollendetste Künstler und Ästhetiker«, hat die Kokosnuss, den »vegetabilen Menschenkopf«, geschaffen, damit der Mensch sich von ihr ernährt. Und ausschließlich von ihr. Der Mensch hat der Sonne und der Kokosnuss zu huldigen.

Wer sich an diese einfachen Regeln hält, würde in einen gottähnlichen Zustand der Unsterblichkeit kommen und müsse sich am Ende nur noch von Sonnenlicht ernähren. Man hätte dann keine Sorgen mehr, wie in der dunklen grauen Heimat Deutschland, es gäbe keine Kriege und keine Gegensätze zwischen Arm und Reich mehr. Fertig ist die Ersatzreligion. Mic Drop Engelhardt.

Jetzt braucht er nur noch Leute, die dran glauben.

Also macht August Engelhardt Werbung. Er schickt Briefe in die Heimat, sendet »Herzliche Grüße« per Postkarte, auf der eine verträumte Hütte im Palmenmeer abgebildet ist, und wirbt in einschlägigen Zeitschriften wie der *Vegetarischen Warte* für seine Kokos-Bewegung. Er wirbt, wie er nur kann, um Gleichgesinnte, die zu ihm nach Kabakon kommen. Sein Ziel ist es, den »Sonnenorden« zu gründen. Zunächst auf Kabakon, später aber auch auf weiteren Gebieten entlang des Äquators, will er eine Siedlungsgemeinschaft aufbauen, »ein internationales tropisches Kolonialreich des Fruktivorismus«, wie er es in seinem Buch *Hoch der Äquator! Nieder mit den Polen!* beschreibt. Alle Früchtler und Freund:innen der naturgemäßen Lebensweise sollen mithelfen, um das »fruktivorische Weltreich« zu gründen. Und ob man es glaubt oder nicht, es gibt wirklich Leute, die der Kokospalme huldigen wollen.

Im Dezember 1903 kommt Heinrich Aueckens auf Engelhardts Insel an. Er ist der erste Kokosnussjünger und ein Hoffnungsträger für August Engelhardt. Doch der Helgoländer stirbt schon nach sechs Wochen, wahrscheinlich an Malaria. Er soll nicht der Letzte sein, der auf Kabakon sein Leben lässt.

Lucky Break für Engelhardt im Sommer 1904: Der Berliner Max Lützow steht auf der Matte. Lützow ist nicht nur populärer Musiker, sondern auch in der Veggie-Bubble berühmt und entwickelt sich zum Sonnenorden-Influencer. Er schafft es, eine Handvoll neuer Leute nach Kabakon zu locken, doch was die nicht wissen, ist, dass die Stimmung hinter den Kulissen kippt. Es heißt, Lützow und Engelhardt streiten viel, und schon im Februar 1905 hat Lützow genug und will weg. Doch bevor er Kabakon verlassen kann, erkrankt er schwer und stirbt auf der Bootsfahrt zur nächstgelegenen Klinik an Erschöpfung. Auch weitere Anhänger:innen sollen an Malaria erkrankt, einer sogar bei einem Unglück auf dem Meer ertrunken sein.

Man fragt sich: Warum kommen überhaupt Leute hierher? Ist es so reizvoll, sich einem einsamen nackten Mann auf einer Insel anzuschließen und sich ausschließlich von Kokosnüssen und Sonnenlicht zu ernähren? Wie schlimm muss das Leben in Deutschland um 1900 herum gewesen sein? Deutschland, besser gesagt das Deutsche Kaiserreich, ist zu der Zeit eine große Macht in Europa. Die Industrie wächst, und auch die Städte werden größer. Von 1871 bis 1910 explodiert die Bevölkerungszahl in Deutschland von 41 auf 65 Millionen Menschen. Doch

Fortschritt bedeutet nicht gleich Wohlstand. Viele Menschen ackern sich den ganzen Tag in Fabriken ab und fallen am Abend hungrig und unterernährt in ihren viel zu engen Wohnungen ins Bett; Wohnungen, die sie sich oft mit zahlreichen anderen Leuten teilen müssen. Manchmal werden Wohnhäuser so schnell gebaut und bezogen, dass die ersten Bewohner:innen sie erst »trockenwohnen« müssen. Krankheiten breiten sich in Rekordgeschwindigkeit aus, das Wasser und die Luft sind verpestet. Viele Menschen, die finanziell nicht gut gestellt sind, haben existenzielle Sorgen.

Und genau darauf will der Kokos-Heiland Engelhardt eine Antwort geben. Er verspricht den Leuten einen Weg zur »sorgenfreien Zukunft«. Einen Weg zu großem Reichtum, bester Gesundheit und gerechter Land- und Güterverteilung. Und das allein, indem man zum Sonnenkind wird. Vielleicht ist das die Erklärung dafür, dass auch nach den Schwierigkeiten mit den ersten Neu-Kabakonern weiterhin Leute kommen, die sich Engelhardts Sonnenorden anschließen möchten.

In der ersten Hälfte des Jahres 1905 erreicht jemand die Insel, der Engelhardts Idee noch mal richtig befeuert: August Bethmann. Ein Frugivore Anfang 40, der in einschlägigen Kreisen bereits bekannt ist, zum Beispiel für sein Buch *Eine sorgenfreie Zukunft: praktisch erprobte Rathschläge eines modernen Naturmenschen. Ein Beitrag zur Lösung der heiklen Magenfrage*. Bethmann und Engelhardt bringen die PR-Maschine nun so richtig zum Dampfen. Sie verfassen Flugschriften, Postkarten und rufen dazu auf, Geld für den Orden zu spenden, damit sich auch unbemittelte Früchtler die Reise nach Kabakon und in eventuelle neue Kolonien leisten können. Und dann bringen die beiden Augusts noch das Kokos-Evangelium raus. Klar. Was auch sonst. Hier mal ein direktes Zitat:

Der Mensch ist das tierische Ebenbild Gottes.
Die Kokospalme ist das pflanzliche Ebenbild Gottes.
Die Kokosnuß ist Gott in nuce.
Der Kokosesser ist Gottesser, ist Theophag.
Der Mensch ist, was er isst.
Der Gottesser, d.i. Kokosesser, muß göttlich, muß gleich Gott werden.
Der Mensch als Ebenbild Gottes ist Gottesser.
Der Mensch ist absoluter Kokovore.
Der Kokovorismus, die Theophagie, ist der Weg zur vollen Erlösung von Schmerz, Leid und Tod.
Der Kokovorismus ist seinem Wesen nach praktisches Christentum: die Versöhnung des Menschenkindes mit seinem göttlichen Vater.
Engelhart, der 1. Kokosapostel

Es ist der, zugegeben ziemlich witzige, Höhepunkt des Wahnsinns.

Vielleicht ist es Zeit, mal kurz über die Kokosnuss zu reden. Denn tatsächlich ist sie ja schon so ein Zaubernüsschen: Ihre Schale lässt sich zu vielen Dingen verarbeiten, ihre Milch kann man trinken, und das Fruchtfleisch enthält viele Nährstoffe und Fette. Man muss aber nicht Ernährungswissenschaften studiert haben, um sich ausmalen zu können, dass man schnell mit Mangelerscheinungen zu kämpfen hat, wenn man ausschließlich Kokosnüsse zu sich nimmt. Und Hunger macht bekanntlich schlechte Laune, sagt zumindest Snickers. Wenig überraschend wird die Stimmung unter den Kokos-Brüdern (und -schwestern, denn Anna Schwab, Bethmanns Verlobte, ist mittlerweile auch dabei) immer angespannter. Im Oktober 1906 kommt es zum Streit zwischen Engelhardt und Bethmann. Es geht wohl um Anna, aber wahrscheinlich auch um die Gesamtsituation. Also plant August Bethmann seine Abreise aus dem Kokos-Paradies. Bevor er diese jedoch antreten kann, stirbt er aus unbekanntem Grund. Ob Engelhardt Schuld an seinem Tod hat, weiß man bis heute nicht, auch seine Leiche wird nie gefunden. Anna Schwab verlässt kurze Zeit später Kabakon.

Als nur einen Monat später, im November 1906, mit Wilhelm Heine ein weiterer Anhänger Engelhardts völlig abgemagert umkommt, hat die deutsche Kolonialverwaltung genug. Der stellvertretende Gouverneur von Papua-Neuguinea, Dr. Emil Kraus, spricht eine offizielle Warnung aus, zu diesem Typen mit der Kokospalmen-Plantage zu reisen. Wer dennoch hinwill, muss 1000 Mark Kaution hinterlegen, damit etwaige Kosten für den Krankentransport und die Klinik gedeckt sind. Das Drama der Südsee spricht sich bald auch in der deutschen Vegetarierszene rum, wo Engelhardt ohnehin in Ungnade gefallen war, nachdem es hieß, er habe sich selber nicht sooo streng an seine Ernährungsvorschriften gehalten. Kokovorismus, Schmokovorismus ... Seine Kokosnussdiät soll er hier und da mal angegeilt haben – um Dosenkäse, Dosenbrot, Eier oder wohl sogar um Hummer und Kaviar. Außerdem schreibt ein Magazin über ihn, dass er Menschenleben aufs Spiel setze und sein Orden keine Spielerei mehr sei.

Und Engelhardt? Macht einfach weiter. Obwohl es auch mit ihm gesundheitlich sichtlich bergab geht. 1913, mit Ende 30, soll er so schwach gewesen sein, dass er nur noch auf einen Stock gestützt gehen konnte. Sein Gesicht sei eingefallen gewesen, seine Beine verbunden, weil er so viele offene Wunden hatte, erzählt einer seiner Verbündeten später. Engelhardt aber soll bis zu seinem Tod im Mai 1919 an seine Idee geglaubt haben.

Mindestens fünf Leute sind in seinem Sonnenorden gestorben. Wahrscheinlich haben sich nie mehr als 30 Menschen seiner Idee angeschlossen, wenn man dem »Früchtler-Verzeichnis« glaubt, das seinem Buch *Hoch der Äquator! Nieder mit den Polen!* angehängt ist. Sein Einfluss blieb also wohl überschaubar. Und wahrscheinlich ist es gut für ihn, dass er vergleichsweise schnell an seiner wahnsinnigen Idee gescheitert ist. So können wir uns an ihn als die tragisch-komische Figur erinnern, die er war: der erste und einzige Kokosapostel.

UPPER ★ CLASS
0369230036

DER DÜMMSTE GLÜCKSPILZ ALLER ZEITEN

oder: Wie der neureiche Timothy Dexter aus den dämlichsten Anlagetipps Kapital geschlagen hat

Wir sind fest davon überzeugt: Im Scheitern steckt eine ganz eigene Schönheit. Dieser Moment, wenn man all seinen Mut zusammennimmt, alle Warnungen in den Wind schlägt und sich endgültig aus der Komfortzone wagt. Nur angetrieben vom Gedanken »Und was, wenn es doch klappt?« kommen wir doch weiter. Und ja, wenn wir scheitern, werden die, die es eh schon immer gewusst haben, über uns herziehen – gemeine Tweets schreiben, auf WhatsApp lästern oder einen Podcast aufnehmen. Aber im Gegensatz zu ihnen haben wir es wenigstens versucht.

Die Schönheit des Scheiterns steht in der Geschichte von Timothy Dexter in ganzer Blüte: Dexter ist jemand, der wirklich jede dumme Idee, die ihm in den Sinn gekommen ist, ausprobiert hat. Nur wird er damit nicht scheitern, sondern sein dadurch neu gefundener Reichtum katapultiert ihn in die oberste Etage der amerikanischen Gesellschaft. Hier findet er sich plötzlich in bester Gesellschaft wieder. Diese hat aber nur ein Ziel: Timothy Dexter so schnell wie möglich loswerden.

Timothy Dexter wird 1747 in Malden, Massachusetts, geboren. Die Stadt hat heute zwar mehr als 60 000 Einwohner, war damals aber eher ein größeres Dorf. Hier, vor den Toren Bostons, leben und arbeiten Bauern, die ihre Waren in der großen Stadt verkaufen. Dexters Kindheit ist typisch für die damalige Zeit: hart und entbehrungsreich. Dexter, der Sohn eines Bauern, muss mit acht Jahren von der Schule gehen – schließlich soll er den Eltern bei der Landarbeit helfen. Man kann sich bessere Starts ins Leben vorstellen. Dennoch ist Timothy Dexter davon überzeugt, dass ihm ein ganz besonderes Schicksal bestimmt sei. In seiner Autobiografie *A Pickle for the Knowing Ones* schreibt er: »Am Morgen meiner Geburt gab es einen großen Schneesturm, die Sternzeichen standen im siebten Haus. Der Mars schob sich nach vorn, und Jupiter leuchtete mir den Weg. Ich sollte mal ein großer Mann werden.« Das Selbstbewusstsein, das aus diesen Zeilen spricht, wird einmal Dexters größte Stärke werden. Mit 16 Jahren verlässt er die elterliche Farm und zieht endlich in die große Stadt: Boston.

Boston war zur damaligen Zeit einer der Schmelztiegel der amerikanischen Kolonien. Zwar wird die amerikanische Unabhängigkeitserklärung noch 13 Jahre auf sich warten lassen, aber dennoch: Als Dexter 1763 in Boston ankommt, liegt bereits die Revolution in der Luft. Immer mehr Bürgerinnen und Bürger der Stadt fragen sich, wieso sie Teile ihres Reichtums an irgendeinen König in Übersee abgeben sollen. Denn Boston hat sich schnell zu einem der bedeutendsten Handelsplätze Nordamerikas entwickelt, Holz, Tabak, Fisch und Rum zählen zu den wichtigsten Handelsgütern. Und wo das Geld ist, ist das Statusdenken nicht weit. Die Neureichen Bostons lieben es, sich mit schicken Lederbörsen und -taschen zu schmücken. Die werden nach der neuesten Mode aus Saffian hergestellt – ein feines Leder, das auch als Marokkoleder bekannt ist. Wer die Herstellung und Verarbeitung dieses teuren Guts beherrscht, der kann zu einigem Reichtum kommen. Und genau das hat Timothy Dexter nun vor.

Er, dessen Lebensweg vom Jupiter beschienen wird, der überzeugt ist, mal ein großer und wohlhabender Mann zu werden, weiß, dass der Weg zu ebenjenem Reichtum nur über die Saffian-Produktion führt. Also beschließt er, Lederhandwerker zu werden, um ganz nah an den Reichen und Schönen zu sein. Und tatsächlich klappt das auch – innerhalb von fünf Jahren fasst er Fuß in Charlestown, dem Handwerkszentrum der Stadt. Das Handwerk hat in der Geschichte schon andere reich gemacht, noch heute kennen wir Marken, die auf dieselbe Art groß geworden sind. So hat auch die Modemarke Gucci ihre Wurzeln in der bescheidenen Sattlerwerkstatt des Gründers Guccio Gucci. Wenn Timothy Dexter doch nur beim Handwerk geblieben wäre, dann würde Kim Kardashian heute Dexter-Taschen tragen und der Rapper Lil Pump die »Dexter Gang« besingen.

Aber Timothy Dexter will nach oben. Ganz nach oben. Und dahin kommt man nicht, wenn man brav arbeiten geht. Nein, was Timothy Dexter braucht, ist ein großer Wurf. Ach was, ein großer Wurf: Er braucht jede Menge großer Würfe. Mit 21 folgt die erste große Chance seines Lebens. Benjamin Frothingham, ein Sattler-Kollege aus Charlestown, verstirbt plötzlich und hinterlässt nicht nur eine gut laufende Werkstatt, sondern auch eine Witwe und vier Kinder. Dexter bietet sich der zehn Jahre älteren Witwe Elizabeth Frothingham als Retter in der Not an – er könne doch die Werkstatt übernehmen und würde im Gegenzug für die Familie sorgen.

Es wird eine Ehe, die schon bald am Nervenkostüm aller zehren wird. Denn die erste Entscheidung, die das neue Familienoberhaupt Timothy trifft, ist erst mal: umziehen. Und zwar raus aus der »engen« Stadt aufs Land, nach Newburyport. Dieser Stadtteil von Charlestown ist so etwas wie das Beverly Hills der damaligen Zeit – hier wohnen die, die es geschafft haben. Einer seiner neuen Nachbarn heißt Thomas Russell, der damalig reichste Mann des Landes. Ein anderer ist John Hancock, der Gouverneur von Massachusetts, der nur ein paar Jahre später, am 4. Juli 1776, als Erster die Unabhängigkeitserklärung unterschreiben wird und dadurch bis heute allen Amerikaner:innen ein Begriff ist. »Please put your John Hancock here«, ist zum Beispiel eine beliebte Aufforderung, zu unterschreiben.

Und mittendrin: Timothy Dexter, ein Mann, der mit acht die Schule abgebrochen hat, kaum lesen und schreiben kann und nichts lieber will, als mit dem Gouverneur und dem reichsten Mann des Landes Tee zu trinken. Das Leben von Timothy Dexter könnte die Inspiration für den Film *Die Flodders* gewesen sein. In der niederländischen Komödie zieht eine, sagen wir mal, »sozial herausfordernde« Familie in ein Nobelviertel und macht dort den Nachbarn das Leben schwer. Die gehobene Nachbarschaft wehrt sich und gründet eine Bürgerinitiative: Denn für diesen schönen Ort, wo der Rasen mit der Nagelschere geschnitten wird, ist für so eine verlotterte Sippe kein Platz.

Ungefähr so läuft es auch bei Timothy Dexter. In kürzester Zeit bringt er die gesamte Nachbarschaft gegen sich auf, und einer der ersten Klassenkämpfe der amerikanischen Geschichte nimmt seinen Lauf. Dexter kämpft, ohne es überhaupt zu wollen, nicht nur gegen die einflussreichsten und mächtigsten Menschen des Landes; nein, auch ideologisch sind seine Nachbarn gegen ihn verschworen. Die Familien, die in Newburyport leben, werden auch Boston Brahmins genannt, die alle ihre Ahnenlinie auf die ersten Familien zurückführen können, die die Vereinigten Staaten besiedelt haben. Sie sehen sich selbst als rechtmäßige Herrscherklasse der Gegend. Und aus diesem Selbstverständnis heraus ist es umso beschämender, dass ein neureicher Sattler nichts unversucht lässt, sich in ihre Gesellschaft hineinzukaufen.

Also schmieden sie Pläne, wie sie den unliebsamen Nachbarn wieder loswerden können. Ein erster Plan: ihm das geben, was er will. Dexter selbst macht kein Geheimnis daraus, dass er seit seinem Einzug in die Rich as Fuck Street Number 1 hinter dem her ist, was seine Nachbarn auch haben: ein cooles Amt. Sein Nachbar ist Gouverneur, irgendein kleines Pöstchen wird da doch für ihn abfallen, oder? Immer wieder schreibt er Bittbriefe an den Stadtrat von Newburyport – im schlimmsten Englisch, denn er kann ja kaum lesen und schreiben. Der Stadtrat, der natürlich aus all seinen reichen Nachbarn besteht, hat irgendwann genug. Sie gewähren ihm ein Amt, das einer Ohrfeige gleichkommt. Timothy Dexter wird der neue »Informer of Deer«, also »Rehinformant«. Er soll in den Wäldern rund um Newburyport alle Rehe und Hirsche zählen. Was Dexter nicht weiß, seine Nachbarn allerdings schon: Es gibt kein Wild in den Wäldern um Newburyport. Genauso gut könnte er zählen, wie viele saubere Ecken der Frankfurter Hauptbahnhof hat oder Volksfeste, auf denen sich Markus Söder noch keine Bierzeltrede geschwungen hat. Worauf seine Nachbarn spekulieren: Timothy Dexter wird schon bald bemerken, dass er reingelegt wurde, und sich dann in Grund und Boden schämen. Spätestens dann fällt doch bei ihm bestimmt der Groschen, und er macht sich vom gut gepflegten Acker.

Aber Timothy Dexter geht nicht. Er freut sich vielmehr über sein neues Amt und watschelt vergnügt durch die Wälder, auf der Suche nach Rehen und Hirschen. Also muss ein neuer Plan her. Inzwischen wohnt Dexter schon mehr als zehn Jahre in Newburyport, und während er Rehe gezählt hat, stürzen sich die frischgeborenen USA – John Hancock hat gerade seinen John Hancock gesetzt – in den Unabhängigkeitskrieg. Wenn seine Nachbarn ihn schon nicht bei seiner Ehre packen können, weil Dexter offensichtlich zu hohl ist, dann müssen sie an sein Geld ran. Und wie wird man einen neureichen Nervsack am ehesten los? Man gibt ihm fürchterliche Investmenttipps. Der erste lautet: »Hey, Timothy, investiere doch mal in den Kontinentaldollar!« Der Kontinentaldollar ist eine Übergangswährung aus der Zeit des Unabhängigkeitskriegs. Er wurde gedruckt, um die Kriegsanstrengungen zu finanzieren. Leider ist davon so viel im Umlauf, dass die Währung zusehends an Wert verliert. Es gibt gegen Ende des Krieges sogar das Sprichwort »not worth a Continental«. Der heiße Investmenttipp von Dexters Nachbarn ist also: Investier mal bitte in eine Währung, die nicht mehr wert ist als *Monopoly*-Geld.

Aber der ahnungslose Timothy Dexter hat keinen Grund, den Empfehlungen seiner Nachbarn nicht zu vertrauen. Immerhin haben die es doch zu was gebracht, und warum sollten sie ihm, dem wichtigen Rehinformanten, nicht echte Tipps geben? Also kratzt Dexter all sein Geld zusammen, kauft lagerhallenweise Kontinentaldollar und verstaut die Scheine in jeder Ritze, in jeder Schublade, in jeder Tupperdose. Stellen wir uns jetzt zumindest mal so vor. Nun sitzt Timothy wie Donald Duck auf seinen Geldsäcken und denkt sich: »Geil – ich bin reich«, während seine Nachbarn ihn auslachen. Wie Elizabeth Dexter das fand, ist leider nicht überliefert.

Am Ende des Krieges, im Jahr 1783, brauchen die USA eine Lösung für den Kontinentaldollar. Es gibt hitzige Debatten: Manche wollen die Währung komplett verfallen lassen – der Kauf von Kontinentaldollar war ein Beitrag zum Krieg. Mehr nicht. Andere wollen zumindest einen Mindestwechselkurs festlegen. Dieses Lager setzt sich schlussendlich durch – der Wechselkurs eines Kontinentaldollars wird auf 1 zu 100 festgelegt. Für die meisten Otto Normalbürger der USA ist das keine gute Nachricht. Denn die haben den Dollar früh gekauft. Aber Timothy Dexter? Der freut sich! Über Nacht ist er plötzlich reich. Richtig richtig reich. Reicher als mancher seiner Nachbarn.

Zeit also für Plan C. Ein paar konspirative Treffen später dann die nächste Idee für Timothy: »Wir haben einen neuen Tipp für dich: Du solltest Bettwärmer nach Kuba verkaufen. Das wird garantiert was.«

Bettwärmer sind Ende des 18. Jahrhunderts der heiße Scheiß im ewig kalten Neuengland: eine kleine Metallschale, die man mit heißen Kohlen befüllt, um so im Winter das Bett zu beheizen. Nur ... Wieso sollte man 2400 Kilometer weiter südlich Bettwärmer brauchen? Selbst im Dezember kann es in Kuba noch bis zu 34 Grad Celsius warm werden. Aber Timothy Dexter liebt die Idee! Er kauft 40 000 – noch mal, in Worten: vierzigtausend – Bettwärmer und schifft diese in Richtung Süden. Die Nachbarn feixen schon: Nicht nur hat Dexter dieses Mal eine für alle offensichtlich dumme Idee durchgezogen und sich damit mal wieder lächerlich gemacht – auch dürfte jetzt sein ganzer Kontinentaldollar-Reichtum dahin sein.

Als die Bettwärmer in Kuba ankommen, wissen die Kubaner:innen nicht, was diese merkwürdige Erfindung sein soll. Irgendwie eine Pfanne mit Stiel? Was soll man damit wohl anstellen können? Aber recht bald kommt jemand auf eine fantastische Idee: Wenn man den Stiel verlängert und daraus praktisch einen riesigen Löffel macht, dann eignet sich dieses merkwürdige Gerät perfekt für die Produktion von Zuckerrübensirup! So was suchen wir schon ganz lang!

Timothy Dexter verkauft alle Bettwärmer mit einer Gewinnmarge von 80 Prozent.

Ein anderes Mal setzen seine Nachbarn ihn auf den Kohlemarkt an. Dexter wird empfohlen, ein ganzes Schiff voller Steinkohle zu kaufen und dieses nach Newcastle zu schicken, um die Ladung dort zu verkaufen. Nun muss man wissen: Zur damaligen Zeit existiert das Sprichwort »Shipping coal to Newcastle«, das man im Deutschen am ehesten mit »Eulen nach Athen tragen« übersetzen könnte. Eine überflüssige Tätigkeit also. Denn die Kohlelieferungen kommen damals aus Newcastle – dort ist bis heute Englands Kohleindustrie angesiedelt. Timothy Dexters Nachbarn freuen sich also: Nicht nur spielen wir diesem reichen Trottel einen Streich, sondern luchsen ihm auch noch einen beträchtlichen Teil seines nunmehr ins Unermessliche angewachsenen Kontinentaldollar-und-Bettpfannen-Vermögens ab. Aber es kommt wie immer im Leben von Timothy Dexter: Er hat Glück. Als seine Kohle in Newcastle ankommt, tobt dort gerade ein wochenlanger Streik der Bergarbeiter. Es gibt keine Kohle in Newcastle. Dexter verkauft seine Lieferung abermals mit großem Gewinn.

Die Stimmung in der Nachbarschaft ist am Boden. Zudem ist Timothy Dexter jetzt nicht nur steinreich, sondern er nutzt seinen Reichtum auch für exzentrische Spielereien. Zum Beispiel lässt er einen Skulpturengarten errichten, in dem die 40 berühmtesten Amerikaner nachgebildet werden. Die stehen auf mehrere Meter hohen Steinsäulen direkt vor seinem Haus. Auf Abbildungen sieht das Haus aus, als wäre es ein frühzeitlicher Minigolfplatz: komplett zugestellt mit lebensechten Statuen. Man kann keine drei Schritte tun, ohne zum nächsten großen Mann der Geschichte zu kommen. Und natürlich waren es nur Männer, die sich Dexter in seinen Garten gestellt hat. George Washington, Napoleon, Thomas Jefferson und sogar zweimal abgebildet: Timothy Dexter selbst, versehen mit der Inschrift: »Ich bin der Erste im Osten, der Erste im Westen und der größte Philosoph der westlichen Welt.« Solch ein Zurschaustellen der eigenen Ignoranz kommt natürlich nicht gut in der Nachbarschaft an. Was auch nicht gut ankommt: Dexters neue Entourage. Mit Geld erkauft er sich eine Schar an Jasagern, die sein Leben dokumentieren sollen. Darunter auch sein eigener Hauspoet. Ob der aber wirklich poetisch war, ist fraglich: Dexter hat ihn am Hafen aufgegabelt, wo er Fische und pornografische Zeichnungen vertickte.

Im Grunde genommen kann man das Leben von Timothy Dexter als Klassenkampf verstehen, beziehungsweise als Kampf ums kulturelle Kapital nach Pierre Bourdieu. Denn obwohl Dexter nach außen hin alle Insignien des Aufstiegs präsentiert – Geld, eine gesunde Familie, ein wunderschönes Haus, Status und einen Pornografie vertickenden Hauspoeten –, ist ihm der Aufstieg nicht gegönnt. Ihm fehlt das kulturelle Kapital, zu wissen, wie man sich wirklich in der ersten Liga der amerikanischen Gesellschaft verhält. Egal was er tut, er wird automatisch anecken – er gehört nicht dazu, weil er niemals dazugehören kann.

Auch jeder Versuch, sich kulturelles Kapital nachträglich anzueignen, ist zum Scheitern verurteilt. Im 18. Jahrhundert ist es zum Beispiel immer noch todschick, Französisch zu sprechen – Unterhaltungen auf einem bestimmten Niveau werden in der Sprache Voltaires geführt und nicht im schnöden Englisch. Blöd nur, dass Timothy Dexter nicht nur kein Französisch spricht, sondern auch noch fest davon überzeugt ist, dass die Sprache eigentlich nur aus einer wahllosen Aneinanderreihung gutturaler Grunzlaute mit dazugehörigen wirren Gesten besteht. Im Jahr 1793 hält er sogar eine Rede auf »Französisch«.

Niemand versteht ihn. Sowohl im wörtlichen als auch im übertragenen Sinne.

Timothy ist jedoch – entgegen dem Glauben seiner Nachbarn – nicht blöd. Er spürt genau, dass er nicht dazugehört, bemerkt die bösen Blicke hinter seinem Rücken. Aber wie kann er wissen, was seine Nachbarn wirklich über ihn denken? Immerhin haben sich die Investmenttipps doch ausgezahlt – und Rehinformant zu sein, ist ein Amt, das er mit großem Ernst und Eifer wahrnimmt. Also tut Timothy Dexter das Einzige, was ihm sinnvoll erscheint: Er täuscht seinen Tod vor. Denn wenn er im Sarg liegt und das Augenlid kurz hebt, wird er wissen, was seine Nachbarn wirklich über ihn denken.

Er lässt sich also eine riesige Grabstätte auf seinem Anwesen errichten. Einzige Bedingung: Sie muss gut belüftet sein, wär ja schade, wenn er wirklich darin umkommt. Dexter heuert einen Schreiner an, der ihm einen geräumigen Sarg baut. Außerdem wird dieser mit einem Geheimversteck ausgestattet, in das Dexter während der Trauerfeier fliehen kann. So kann er nach Verschluss des Sarges die Feier beobachten, ohne sich die ganze Zeit tot stellen zu müssen. Die Einzigen, die in seinen Plan eingeweiht sind, sind seine Frau und eine seiner Töchter. Die besticht er mit einem großen Batzen Geld. Dafür sollen sie aber am Sarg stehen, laut trauern und vielleicht das ein oder andere Tränchen verdrücken.

Als die Grabstätte errichtet, der Sarg gebaut und die Familie bestochen ist, schickt Dexter Einladungen zu seiner eigenen Beerdigung raus. Die Nachricht, dass Timothy Dexter, der Rehinformant, Bettpfannenhändler, Kohleverschipperer und größter Philosoph des Westens, das Zeitliche gesegnet hat, verbreitet sich in Windeseile. Am Tag seiner Beerdigung sind tatsächlich 3000 Menschen gekommen, um sich vom großen Timothy Dexter zu verabschieden. Oder sie wollten nur Schnittchen und Kaffee abstauben – so genau wissen wir das nicht.

Was aber glasklar ist: Timothy Dexter hat es geschafft. Egal aus welchen Gründen, es sind unfassbar viele Leute gekommen, um ihm die letzte Ehre zu erweisen. Er gehört dazu. Der Jupiter hat wirklich seinen Weg erleuchtet. Alles ist genau so, wie er sich das vorgestellt hat. Seine Mitmenschen sind ernsthaft traurig. Aber was ist das? Eine Person lacht, blüht förmlich auf, macht Scherze und flirtet sogar mit fremden Männern. Es ist Elizabeth, seine Frau. Dexter will die Scharade nicht länger aufrechterhalten und springt aus seinem Versteck. Für die Trauergäste entfaltet sich ein bizarres Schauspiel. Der gerade noch tot geglaubte Dexter steht plötzlich neben seiner Frau und drischt mit einem Gehstock auf sie ein. Ein Schauspiel, das für uns heute schwer vorzustellen und zu ertragen ist und Timothy Dexter auf der »Darwin-gefällt-das«-Beliebtheitsskala ganz nach unten befördert. Aber im frühen 19. Jahrhundert – die Quellen sind sich uneins, wann genau die »Beerdigung« stattgefunden haben soll – wird Dexter nicht von der Polizei abgeführt, sondern er mischt sich nach der Attacke munter unter die Trauergäste seiner eigenen Beerdigung.

Und obwohl Dexter diesen Tag als großen Erfolg feiert und er endlich das Gefühl hat, dazuzugehören, wird er seiner Frau die gute Laune nie verzeihen. Bis zu Dexters Tod im Jahr 1806 wird er ihre Existenz leugnen. Wird er auf sie angesprochen, sagt er nur, dass sie schon tot sei.

»Und was ist mit der Frau, die offensichtlich da neben dir steht, Timothy?«

»Ach die? Die kannst du bitte ignorieren. Das ist nur ihr Geist.«

Es sind irre letzte Jahre einer außergewöhnlichen Ehe. Zum Ende seines Lebens wird Dexter die schon zu Beginn des Kapitels erwähnte Autobiografie schreiben. In der ersten Auflage finden sich unglaublich viele Rechtschreibfehler. Dennoch verkauft sie sich tausendfach. Alle wollen die Innensicht auf eine der schillerndsten Karrieren New Englands bekommen. Seine Nachbarn haben natürlich auch wieder zu mäkeln. Denn das Buch sei kaum zu lesen, da jedwede Satzzeichen fehlten. Also legt Timothy Dexter nach: In der zweiten Auflage findet sich ganz am Ende eine eng bedruckte Seite nur mit Kommas, Punkten, Frage- und Ausrufezeichen. Zum selber Ausschneiden. Ein allerletzter Mittelfinger in Richtung seiner Nachbarn.

Wir wollen es Timothy Dexter gleichtun und haben für Sie am Ende des Buches ebenfalls eine kleine Auswahl unserer Lieblingssatzzeichen aufbereitet.

MARY MALLON AKA TYPHOID MARY

oder: Wie eine Frau Tausende Menschen in New York City mit Typhus ansteckte, weil sie sich nicht die Hände waschen wollte

Wir alle wissen, was es bedeutet, seine Freiheit wegen einer grassierenden Krankheit einzuschränken. Und was haben wir nicht darüber diskutiert, wie viel Einschränkung zumutbar ist?

In der Coronazeit haben wir (oder besser gesagt, die meisten von uns) hingenommen, dass wir unseren Wohnort nicht verlassen dürfen, wir haben uns einzelne Kontaktpersonen ausgesucht und unsere Kinder zu Hause betreut. Wir haben unsere persönliche Freiheit dem Wohl der Allgemeinheit unterworfen. Es war schwer, und es war schrecklich. Aber immerhin ging es uns allen gleich.

Jetzt stellen Sie sich vor, Sie sind die einzige Person in so einer Situation. Sie fühlen sich gesund. Und trotzdem wird Ihnen gesagt, dass Sie eine Gefahr für die Gesellschaft sind und darum auf unbestimmte Zeit in Quarantäne gehören. Wahrscheinlich würden Sie sich auch mit aller Kraft dagegen wehren, eingesperrt zu werden. Vor allem, wenn Sie Anfang des 20. Jahrhunderts leben würden und keine Ahnung von Krankheitsübertragungen haben.

Die Köchin Mary Mallon hat insgesamt 26 Jahre ihres Lebens in Quarantäne verbracht, weil Gesundheitsbehörden sie für zu gefährlich hielten. Mary Mallon war der erste bekannte Fall in den USA, der Dutzende Typhusausbrüche verursacht hat, obwohl sie selber gesund war. Sie ist die erste stille Überträgerin von Typhus in Nordamerika.

Mary Mallon ist Irin, mit knapp 14 Jahren wandert sie aber im Jahre 1883 in die USA aus. Es ist wenig bekannt über ihre Kindheit und ihr Privatleben. Wahrscheinlich ist aber, dass sie Irland wegen der damals katastrophalen Lebensbedingungen verlassen hat. Im 19. Jahrhundert gibt es lange Perioden großer Hungersnot in dem Land. 1845 bis 1849 befällt eine neuartige Kartoffelfäule Irlands Felder, viele Menschen sterben, und wer kann, packt seine Sachen. Schätzungsweise eine Million Menschen fliehen Mitte des 19. Jahrhunderts infolge der ersten großen Hungersnot aus Irland. Die meisten gehen nach Großbritannien und Nordamerika, wo sie nicht selten mit Diskriminierung und Ausgrenzung zu kämpfen haben. 1879 kommt es zu einer weiteren Hungersnot in Irland, ein Jahr später geht auch Mary Mallon an Bord eines Schiffes und verlässt ihre Heimat.

In den USA lebt Mary zunächst bei einer Tante, doch als junge Erwachsene findet sie Jobs als Haushälterin bei New Yorker Familien. Von allem, was wir wissen, ist Mary Mallon eine selbstbewusste, stolze Frau. Sie hat es geschafft, sich aus eigener Kraft bis nach Amerika durchzubeißen, und das hat sie zäh gemacht. Ein bisschen zu zäh vielleicht. Oft wird sie als eher kühle, bestimmte Person beschrieben, also wohl nicht das, was man als grundsympathisch bezeichnen würde. Als junge Frau entdeckt sie ihre Leidenschaft fürs Kochen. Sie erarbeitet sich einen sehr guten Ruf als Köchin und ist nie lange ohne Arbeit. Und so zieht sie als Köchin von Familie zu Familie. Bei manchen Arbeitgebern wohnt sie sogar zeitweise in schicken Brownstone-Häusern auf der Park Avenue oder in den Sommerresidenzen auf Long Island. Von manchen Familien weiß man, dass sie Mary sehr gemocht haben, sie sei gut im Umgang mit Kindern und ein Ass in der Küche, werden manche zitiert. Besonders beliebt: ihr Signature Dish, Eiscreme mit frisch aufgeschnittenen Pfirsichen. Doch genau diese Pfirsiche werden vielen Familien zum Verhängnis.

1906 bekommt George Soper den wahrscheinlich größten Auftrag seines Lebens. Die Thompsons, eine wohlhabende Familie aus New York City, möchten, dass Soper herausfindet, warum in ihrem Ferienhaus auf Long Island Typhus kursiert. Solange der Fall nicht aufgeklärt ist, können sie das Haus nicht weiter vermieten. Damals ist es nicht unüblich, solche Gesundheitsdetektive zu engagieren, immerhin ist Typhus eine Krankheit, die in dieser Zeit, vor der Erfindung von Antibiotika, tödlich enden kann. Typische Symptome sind lang anhaltendes Fieber, Schüttelfrost, Krämpfe und Durchfälle. Mit George Soper haben sie den vermutlich besten Mann für diese Aufgabe engagiert. Soper ist bekannt dafür, eine Art Superspürnase für Typhusausbrüche zu sein. Er hat schon einige komplizierte Fälle erfolgreich zurückverfolgt und aufgeklärt.

Der Krankheitsausbruch im Sommer 1906 beginnt bei Familie Warren, die sich im Haus der Thompsons eingemietet hat. Nach kurzer Zeit im Ferienhaus sind sechs von elf Personen im Haushalt infiziert: zuerst eine der Töchter, danach zwei Haushälterinnen und Mrs. Warren selber, dann eine weitere Tochter und der Gärtner. George Soper nimmt seine Ermittlungen auf. Die häufigste Ursache für Typhusausbrüche, nämlich verunreinigtes Wasser oder Milch, kann er schnell ausschließen. Er untersucht Lebensmittel, Muscheln, die gegessen wurden, klappert enge Kontakte zu anderen Leuten außerhalb des Haushalts ab und hört sich im Ort um. Das alles bringt ihn nicht weiter. Doch als ihm ein Familienmitglied erzählt, dass sie kurz vor ihrem Sommerurlaub eine neue Köchin bekommen haben, horcht Soper auf. Die Köchin heißt Mary Mallon, ihre Spezialität ist Eiscreme mit Pfirsichen. »Frisches Obst«, denkt sich George Soper, »das ist das perfekte Zuhause für Typhusbakterien.« Mallon ist jetzt seine heißeste Spur.

Doch etwas ist komisch: Mary Mallon sei völlig gesund gewesen, versichert die Familie Warren. Keine Anzeichen für eine Typhuserkrankung. Von Superspreadern, stillen Überträgern oder asymptomatischen Krankheitsverläufen weiß noch niemand etwas. Manche ahnen vielleicht, dass es so etwas geben könnte.

Die moderne Epidemiologie ist damals noch recht jung. Als Geburtsstunde gilt das Jahr 1854, als ein britischer Arzt einen schweren Cholera-Ausbruch auf verunreinigtes Trinkwasser zurückführt und die Epidemie durch Hygienemaßnahmen eingedämmt werden kann. Eine Reihe von Wissenschaftlern, darunter Louis Pasteur (1822–1895), Robert Koch (1843–1910) oder Joseph Lister (1827–1912) forschen im späten 19. und im frühen 20. Jahrhundert im Bereich Bakteriologie und Infektiologie und legen damit den Grundstein für das Verständnis, wie sich Epidemien ausbreiten.

1904 erzählt man sich in den USA die Geschichte eines außergewöhnlichen Typhusfalls: Robert Koch hat herausgefunden, dass eine Verkäuferin in einer Straßburger Bäckerei Typhuserreger verbreitet hat, obwohl ihre Erkrankung schon Jahre her war. Koch vermutet also, dass es so etwas wie symptomfreie Kranke geben muss.

George Soper kennt diese einschlägigen Untersuchungen. Und das hilft ihm im Fall Mary Mallon. Dass die Köchin den Zeug:innen zufolge also keine Symptome gehabt haben soll, bringt ihn nicht von seiner These ab, dass sie die berüchtigte Patientin Null ist.

George Soper sucht alle Informationen, die er zu Mary Mallon finden kann. Er verfolgt zurück, in welchen Haushalten sie vor ihrer Tätigkeit bei den Warrens gearbeitet hat, und findet schnell, wonach er sucht. In sieben von acht Familien, bei denen Mallon von 1897 bis 1906 angestellt war, hat es Fälle von Typhus gegeben. In seinen Aufzeichnungen notiert er: »There is a remarkable resemblance between these seven fragments«, es sei also ein Muster feststellbar. In jedem der Haushalte habe es mindestens einen Typhusfall gegeben, nachdem die Köchin angekommen war und gekocht hatte. 22 Krankheitsausbrüche erfasst George Soper zwischen 1900 und 1907, die genau eine Schnittmenge haben: Mary Mallon. Jetzt muss Soper seine Vermutung nur noch beweisen. Und dafür braucht er Mallon selbst.

Im März 1907 steht George Soper vor der Tür der Familie Bowen in der Park Avenue in New York City. Er weiß, dass Mary Mallon gerade hier arbeitet, und will sie direkt konfrontieren. Er möchte ihr erklären, dass sie mit hoher Wahrscheinlichkeit Typhus hat, obwohl sie gesund zu sein scheint, und dass sie eine Gefahr für ihre Mitmenschen ist. Soper wird hereingebeten und in die Küche gebracht. Da steht sie: Mary Mallon, eine blonde Frau mit blauen Augen, 1,67 Meter groß, in ihrem markanten Gesicht kann Soper Misstrauen lesen. Er versucht, ruhig und diplomatisch zu bleiben, und erklärt ihr, dass alles dafür spricht, dass sie Typhus verbreite und dass es für nicht immune Menschen gefährlich ist, von ihr zubereitete Speisen zu essen. Ach, und da ist noch was. Um sicherzugehen, möchte er Proben von ihr im Labor untersuchen lassen. Und mit Proben meint er Blut, Urin und Stuhl.

Mary Mallon reagiert schnell. Sie zückt eine Tranchiergabel und geht damit auf Soper los, der sich gerade noch durch den engen Gang zum gusseisernen Eingangstor retten kann. Das lief nicht nach Plan. Doch Soper gibt nicht auf. Er kommt wieder zu Mary, dieses Mal mit einem Kollegen im Gepäck. Wieder ist sie wütend, flucht laut rum und streitet ab, Typhus zu haben. Gut, man kann verstehen, dass jemand sauer reagiert, wenn plötzlich Beamte kommen, die wollen, dass man in ein Glas kackt. Aber Mary Mallons (Nicht-)Beziehung zu Autoritäten ist ohnehin speziell. Ihr Leben lang hat sie gelernt, dass sie sich allein durchschlagen muss. Sie ist als junge Frau ohne Begleitung ausgewandert (wochenlanges Bangen auf einem der überfüllten Schiffe), war immer mit den vielen Vorurteilen gegen irische Einwanderer konfrontiert (alles faule Alkoholiker!) und hat gelernt, sich ohne Hilfe durchzukämpfen (zu einer Zeit, in der unverheiratete Frauen wenig Anerkennung erfahren haben). Mary hat keinen Respekt vor Autoritäten – sie sind in ihren Augen eine Bedrohung. Besonders, wenn diese Autoritäten ihr weismachen wollen, dass sie krank und gefährlich ist. Niemand zerstört ihren persönlichen American Dream. Die Behörden haben also eine harte Nuss zu knacken, und schnell ist klar: Die Sache muss hocheskaliert werden.

George Soper wendet sich an Hermann Biggs, der zu der Zeit ein hohes Tier im Gesundheitsamt von New York City ist. Biggs und sein Team haben die nötige Autorität, um Mary Mallon zu überzeugen, sich testen zu lassen. Das denken die beiden jedenfalls. Als eine offizielle Beamtin zusammen mit fünf Polizisten versucht, Proben von Mary Mallon zu bekommen, beginnt eine wilde Verfolgungsjagd. Mary flieht aus dem Haus, das Team sucht fünf Stunden nach ihr, bis sie gefunden und fluchend um sich schlagend in einen Krankenwagen verfrachtet wird. »It was like being in a cage with an angry lion«, beschreibt die zuständige Beamtin die Fahrt zum Krankenhaus. Im Willard Parker Hospital werden endlich Proben genommen, und Sopers Vermutungen bestätigen sich. In Mary Mallons Exkrementen wird eine hohe Konzentration an Typhusbakterien festgestellt, Mary wird in Isolation gebracht. Drei Jahre verbringt sie auf einer Quarantänestation auf North Brother Island in New York. Zwischen März 1907 und Juni 1909 werden 165 Stuhlproben von ihr genommen, eine große Mehrheit davon wird positiv auf Typhus getestet. Ihr Fall wird berühmt, und in der Öffentlichkeit bekommt sie den Spitznamen »Typhoid Mary«.

Die Laboranalysen sind der wichtigste Beweis für die Festnahme von Mary Mallon. Ist ja auch klar, denn es gibt keine anderen sichtbaren Hinweise, und mit den sonst üblichen Untersuchungen ist man nicht weitergekommen. Bis heute gilt Mallons Geschichte darum als wegweisend für die Wissenschaft und wird immer dann zitiert, wenn es um die Bedeutung der Labordiagnostik geht. Die Tests sind das Hauptargument im Abwägen der weitreichenden Einschränkungen von Mary Mallons persönlicher Freiheit. Denn nach ihrer Verhaftung kreist alles um die Frage: Hat die Stadt das Recht, eine Frau möglicherweise lebenslang zu isolieren? Auch vor Gericht spielen die Testergebnisse eine entscheidende Rolle.

Natürlich wird darüber diskutiert, was der Fall »Typhoid Mary« für alle weiteren Menschen bedeutet, die draußen rumlaufen und unwissentlich Typhus (oder andere ansteckende Krankheiten) übertragen. Es ist unmöglich, sie alle einzufangen oder täglich überwachen zu lassen. Es gibt aber auch noch keine Medikamente, und in der Medizin ist man sich uneinig, ob ein operativer Eingriff helfen könnte – zum Beispiel, indem man die Gallenblase entfernt. 1908 wird auch Mary Mallon eine Operation nahegelegt, doch die wehrt sich: »No knife will be put on me.« Und dabei bleibt es auch.

Es kommt ein neuer Gesundheitskommissar ins Amt, Ernst J. Lederle. Und der meint es gut mit Mary Mallon, 1910 lässt er sie frei. Solange sie nicht für andere Menschen koche, sei sie auch keine Gefahr, meint Lederle. Sie kenne die Vorsichtsmaßnahmen und solle eine neue Chance bekommen. Also entlässt er sie unter einer Bedingung aus der Quarantäne: Sie darf nie wieder für andere in der Küche stehen.

1915 gibt es einen größeren Typhusausbruch im Sloane Maternity Hospital, einer Geburtsklinik in New York City. 25 Fälle werden erfasst, zwei Menschen sterben. Als dem Ausbruch nachgegangen wird, fällt schnell auf, dass es eine neue Köchin in der Klinik gegeben hat, eine gewisse Mrs. Brown. Mary Mallon wird enttarnt und nur kurze Zeit später zurück nach North Brother Island gebracht. Von nun an ist es schwerer für sie, sich als unwissend und unschuldig auszugeben. Mallon gilt jetzt offiziell als gefährlich. Sie wird die letzten 23 Jahre ihres Lebens in Isolation auf der Insel verbringen.

1929 fängt Emma Rose Goldberg (später Sherman) am Riverside Hospital an. Sie kommt frisch von der Uni und tritt hier ihren Job als Bakteriologin und Labortechnikerin an. Viel von dem, was wir über die letzten Jahre in Mary Mallons Leben wissen, kommt von ihr. Die zwei Frauen verbringen viel Zeit miteinander, da Mallon im Labor aushilft. Sie putzt, reinigt Instrumente und hilft bei der Analyse von Urin und Abstrichen. Die beiden freunden sich an und quatschen über dies und das. Nur niemals: über Typhus. »Nobody ever talked to her about anything she did not want to talk about.« Nach einiger Zeit kriegt Mary Mallon ab und zu Freigang, dann fährt sie in die Stadt und geht shoppen. Manchmal bringt sie Emma Sherman einen Apfel mit. Sherman nimmt den auch dankend an, entsorgt ihn aber lieber wieder.

1932 hat Mary Mallon einen Schlaganfall und ist fortan bettlägerig. Am 11. November 1938 stirbt sie mit 69 Jahren auf North Brother Island an den Folgen einer Lungenentzündung. An eine Sache glaubt Mary Mallon bis zu ihrem Tod: dass sie keine Überträgerin von Typhus ist.

EINGESARGT

Die Top fünf der unnötigsten Tode: The Amazing Joe

»Sie wissen schon, dass Houdini das versucht hat und daran gescheitert ist, oder?«, fragt der Fernsehreporter, während dem Magier Joe Burrus gerade Fesseln angelegt werden. Er ist ganz in Weiß gekleidet: weißer Anzug, weißes Hemd, weiße Schuhe. Nur die übergroße Fliege, die er sich um seinen Hals gebunden hat, glitzert fliederfarben. Joe ist Anfang 30, trägt einen langen altertümlichen Schnurrbart mit modernem Vokuhila. Er hat sich schick gemacht für diesen Abend, hat alle seine Freunde, seine Eltern, seine Kinder und – noch viel wichtiger – das Fernsehen angerufen, damit sie heute dabei sind. Denn heute will Joe Burrus sich lebendig begraben lassen.

Es ist Halloween 1990 in Fresno, Kalifornien. Manche der Besucher:innen sind sogar in *Ghostbuster-* oder *Turtles*-Kostümen erschienen, Kinder kommen direkt vom Süßigkeitenabstauben zu Burrus' Show. The Amazing Joe, wie er sich selbst nennt, hat sich einen Freizeitpark ausgesucht für seinen großen Trick, das Blackbeard Family Fun Center in Fresno. Hier steht er jetzt auf einem leeren Feld, links neben ihm die Fernsehkameras, rechts das leere Grab, das er hat ausheben lassen. Ja, natürlich wisse er, dass der große Harry Houdini diesen Trick schon einmal versucht habe und gescheitert ist. Aber bei ihm werde es klappen. Er ist nämlich der Amazing Joe!

Harry Houdini war berüchtigt für seine spektakulären Entfesselungsnummern, die ihn zu Beginn des 20. Jahrhunderts zu einem der größten Stars der Welt machen. Obwohl das Grundprinzip seiner Tricks immer gleich ist (»Hilfe, ich bin unter Wasser gefangen«, »Hilfe, ich habe eine Zwangsjacke an«, »Hilfe, ich krieg die Handschellen nicht ab«), sind die Stunts so elaboriert und atemberaubend, dass er bis heute Vorbild für viele Magier ist. So auch Joe Burrus, der Houdini verehrt und seinen großen Auftritt auf den 64. Todestag des Meisters legt. Es gibt nur einen einzigen Trick, der Houdini wirklich große Angst gemacht hat: »Hilfe, ich bin lebendig begraben«. Im Jahr 1915 lässt sich Houdini in einen Holzsarg einschließen und dann in einem handelsüblichen Grab verbuddeln. Doch während seine Assistenten dabei sind, ihn mit immer mehr Erde zu bedecken, spürt Houdini, dass das Holz seines Sargs zunehmend nachgibt. Die Erde ist einfach zu schwer. Er gerät in Panik und versucht aus dem Sarg auszubrechen, kämpft sich mit großer Mühe nach oben. Als er nach einer halben Stunde endlich wieder frische Luft atmen kann, bricht er bewusstlos zusammen. Diese Nummer wird er mehr als zehn Jahre nicht mehr versuchen. Eine neue, verbesserte Version wird er auch nicht mehr testen können – Houdini stirbt am 31. Oktober 1926 in Folge eines absurden Unfalls. Nach einer Show empfängt Houdini einen jungen Fan hinter der Bühne. Dieser fragt ihn, ob es wahr sei, dass Houdini Schläge in den Bauch aushalten könne, ohne verletzt zu werden. Bevor Houdini antworten kann, dass er das könne, er dazu aber etwas Vorbereitungszeit brauche, boxt ihm der junge Mann in die Magengegend. Houdini hat keine Gelegenheit, seine Bauchmuskeln anzuspannen, um den Schlag abzufedern. Die Attacke lässt Houdinis Blinddarm platzen, nach einer Bauchfellentzündung stirbt er.

Joe Burrus hat sich 64 Jahre später das Ziel gesetzt, den letzten großen Trick Houdinis zu vollenden. In der Magierszene ist er zwar eher als Geburtstagszauberer und Kinderbespaßer bekannt, aber wenn das hier gelingt, kann er endlich seinen Hauptjob als Baumpfleger an den Nagel hängen, dann gehört er zur Magierelite, dann ist er über Nacht berühmt. Der Auftritt ist gut vorbereitet – nun ja, er hat es immerhin schon einmal versucht. Bei einem Testlauf ein Jahr zuvor hat sich Burrus in Ketten legen lassen und wurde dann in einem Holzsarg vergraben. Nach kurzer Zeit konnte Burrus die Fesseln lösen und schaffte es, sich aus dem Grab zu buddeln. Bei diesem Testlauf haben seine Gehilfen zwar das Grab nicht ganz aufgeschüttet und der Weg war somit kürzer, aber für Joe genügt das.

Entsprechend zuversichtlich ist er, dass es heute mit alldem Publikum und den Kameras auch ein zweites Mal funktionieren wird. So zuversichtlich, dass er den Trick an zwei entscheidenden Punkten verändert.

Da wäre zuerst der Sarg. So ein Holzsarg ist einfach schlecht fürs Fernsehen – man sieht ihn ja nicht mehr. Außerdem könnten Neider seinen Erfolg schmälern, indem sie behaupten, er wäre gar nicht im Sarg gewesen, als dieser zugeschüttet wurde. Um klipp und klar festzustellen, dass The Amazing Joe wirklich im Sarg steckt, lässt er diesen aus Plexiglas fertigen. Keine Tricks, kein doppelter Boden – Joe Burrus wird sich wirklich begraben lassen. Und nicht nur das. Weil es beim ersten Mal mit normaler Erde ja so gut funktioniert hat, setzt er jetzt noch einen drauf. Er ruft ein Bauunternehmen heran, das einen großen Betonmischer aufs Gelände stellt. Burrus lässt nämlich zuerst das Grab zur Hälfte mit Erde aufschütten, und dann kommt eine fette Betonschicht drüber.

Ihm ist natürlich klar, wie gefährlich das ist. Aber wer nicht wagt, der nicht gewinnt. Joe sieht sich schon durch die Late-Night-Shows des Landes touren – als Magier, der das Unmögliche geschafft hat, der nicht nur vollendet, was Houdini begonnen hat, sondern ihn auch in den Schatten stellt.

Kurz bevor es losgeht, Joe liegt schon in Ketten, gibt er noch ein TV-Interview. Der Trick wird im Lokalfernsehen live übertragen. Der Reporter fragt ihn, ob er sich denn im Klaren darüber sei, dass Beton von unten trocknet. Ein panischer Blick huscht über Joes Gesicht, den er ironisch versucht zu überspielen – natürlich wisse er das. Bevor es losgeht, lässt er sich noch einmal seine Fesseln richten. Rufe aus dem Publikum erreichen die Bühne: »Mach's nicht, Joe!« Doch der ist vollkommen überzeugt, dass sein Trick klappen wird. Außerdem sammelt er heute Geld für einen guten Zweck – sämtliche Einnahmen will er an eine Entzugsklinik spenden. Er ist »The Amazing Joe« und nicht »The Amazing Coward«, verdammt. Er verabschiedet sich von seiner Frau und seinen Kindern, sagt, dass er sie sehr liebe. Und dann steigt er in den Plexiglassarg.

Ein Kran lässt diesen langsam in das zwei Meter tiefe Grab. Bevor die Helfer anfangen, das Grab langsam zuzuschütten, ruft Joe theatralisch »Holt mich hier raus, Hilfe« und lacht dabei. Es werden seine letzten Worte sein. Nach ein paar Minuten ist das Grab gut mit Erde bedeckt. Wenn alles nach Plan läuft, hat Joe schon seine Fesseln gelöst und beginnt sich ins Freie zu buddeln. Aber das Publikum sieht davon nichts, denn da sind schon die Jungs mit dem Betonmischer. Es dauert zehn Minuten, um das Loch zu füllen. Als noch knapp 20 Zentimeter übrig sind, sagt einer der Arbeiter: »Stopp. Das reicht«, wird aber von einem anderen zurechtgewiesen: »Nein, er will es ganz bis oben hin.« Im Nu ist das Grab bis an den Rand verfüllt – aus der Erde kommt kein Ton.

Das Publikum starrt gebannt auf das Geschehen, die Kameras halten drauf, als das Unvermeidliche passiert. Innerhalb einer Sekunde rutscht die Betonmasse 30 Zentimeter nach unten –

und es ist klar: Der Deckel des Sargs hat nachgegeben. Er ist jetzt komplett mit Erde und Beton gefüllt. Panik macht sich breit, Helfer beginnen sofort nach Joe zu graben, ein Bagger kommt zum Einsatz. Die Lichter der TV-Kameras werden behelfsmäßig als Flutlichter eingesetzt. Je mehr Zeit verstreicht, desto klarer wird: Joe kann das nicht überlebt haben. Seine Eltern, seine Frau und seine Kinder werden Zeuge seines Todes.

Was passiert ist, ist klar. Aber wieso? Es hat doch schon einmal funktioniert, oder nicht? Nun ja, erst einmal hat Beton eine größere Dichte als luftige Erde. Erst recht, wenn er langsam hart wird und die Luft aus der Masse entweicht. Ein Gewicht von knapp sieben Tonnen lastet auf dem Deckel. Leider hat Joe das Gewicht, das sein Plexiglassarg aushalten kann, nie wissenschaftlich berechnet. Seine Tests beschränkten sich lediglich darauf, dass er wild auf dem Deckel herumgesprungen ist. Seine Assistentin sagt später: »Es war der große Harry Houdini, der mal gesagt hat: Es wird entweder das Schicksal oder meine Dummheit sein, die mich umbringt. Bei Houdini war es die Dummheit – und bei Joe auch.«

DIE WITCH OF WALL STREET

oder: Wie man mit Geiz zur reichsten Frau Amerikas wird

Am 12. Dezember 1909 widmet die *New York Times* mit dem Artikel »Women in Wall Street« eine ganze Seite den Frauen an der New Yorker Börse. TL;DR: Frauen + Finanzen = komplett lächerlich.

Frauen würden zu viel rumheulen, als dass man sich vernünftig mit ihnen über Geld und Geschäfte austauschen könne, steht da. Wenn eine Frau wieder mal emotional werde, brauche es einen Broker mit viel Geduld, um sie zu beruhigen. Frauen seien zwar gute Gewinnerinnen, aber schlechte Verliererinnen. Und haben sie mal Geld, kaufen sie davon eh nur neue Klamotten, Hüte und Juwelen.

Doch, man mag es kaum glauben, es gibt tatsächlich Ausnahmen. Ganz, ganz wenige Frauen haben einen »maskulinen Instinkt« für Finanzen, so die *New York Times*. Ein schillerndes Beispiel: Hetty Green. Sie mache Finanzgeschäfte mit der Logik eines Mannes.

Hetty Green wird im Laufe ihres Lebens zur reichsten Amerikanerin ihrer Zeit. Ihr Gespür für Investments wird ihr mehr oder weniger in die Wiege gelegt. Und das hat (verdammt, der *New York Times* würde das jetzt gefallen) tatsächlich mit einem Mann zu tun.

Schon als junges Mädchen verbringt Hetty am liebsten Zeit mit ihrem Vater. Dabei hat der sie am Anfang gar nicht gewollt. Als Hetty – Henrietta Howland Robinson – am 21. November 1834 in New Bedford, Massachusetts, geboren wird, ist Edward Robinson vor allem enttäuscht. Er hatte sich einen Jungen gewünscht, einen echten Robinson-Erben. Und so verbringt Hetty, das lebhafte, wohlgenährte Baby, die ersten Jahre ihres Lebens vor allem bei ihren Großeltern. Bis ihre Mutter Abby ein zweites Mal schwanger wird und zur großen Freude des Vaters einen Jungen zur Welt bringt. Doch der kleine Isaac ist schwächer als seine Schwester und stirbt früh.

Hetty wäre nie die reichste Frau Amerikas geworden, wäre ihr Bruder nicht gestorben. Denn der Tod des Jungen verändert alles. Hettys Eltern leben sich auseinander, ihre Mutter erholt sich psychisch und physisch nie richtig und ist fortan stetig krank. Der Vater wird derweil noch unnahbarer, als er ohnehin schon war. Ohne präsente Mutterfigur und mit einem in Trauer vergrabenen Vater lernt Hetty bereits als Kind, was es bedeutet, hart sein zu müssen, und entwickelt eine besondere Willenskraft. Außerdem ist Hetty nach dem Tod ihres Bruders die einzige Erbin in der Familie. Seit einer Generation gehört ihrer Familie eine Walfangflotte im Hafen von New Bedford, das Fett der Tiere hat sie reich gemacht. Für Hettys Vater ist das Business der Lebensmittelpunkt, und wenn Hetty ihn zur Firma begleitet, hat sie das Gefühl, ihm emotional doch näherzukommen. Besonders, als sein Sehvermögen so nachlässt, dass er nicht mehr allein lesen kann. Jetzt ist es Hetty, die ihm und ihrem Großvater die Wirtschafts- und Finanznachrichten vorliest. Als Sechsjährige lernt sie alles über Bullen- und Bärenmärkte oder was Aktien und Anleihen sind. Und wenn sie etwas nicht versteht, erklärt ihr Vater es ihr.

Als Teenagerin und junge Frau soll Hetty noch eine hübsche, ansprechende Erscheinung gehabt haben. Sie war hochgewachsen, hatte lange braune Haare und große blaue Augen. Doch ihr Auftreten konnte schon damals ziemlich grob sein, und durch ihre Arbeit bei der Walfangflotte hatte sie sich wohl einen deutlichen Hafenslang angeeignet. Nix für zart Besaitete wie ihre Tante Sylvia. Für deren Geschmack war Hetty nicht nur schroff, sondern zu altmodisch gekleidet und generell nicht angemessen ladylike.

Den Geschäftsmann Edward Henry Green mit Anfang 40 scheint das allerdings nicht gestört zu haben. 1865 lernt er Hetty – damals noch – Howland Robinson kennen, sehr wahrscheinlich bei einem geschäftlichen Treffen im Haus ihres Vaters. Eigentlich haben Hetty und Edward Green nicht viel gemeinsam. Er liebt feines Essen und guten Wein, kleidet sich schick und gibt sein Geld gern für Luxus aus. Sie legt auf all das keinen Wert. Aber sie teilen ihre Leidenschaft für Geld, und Edward bewundert Hetty für ihre Business-Skills. Im Juni 1865 verloben sie sich.

Im selben Monat stirbt Hettys Vater, nur wenige Wochen später auch ihre Tante. Abbie Howland, Hettys Mutter, ist bereits 1860 verstorben, und so ist die knapp 30-jährige Hetty die letzte noch lebende Howland Robinson – und Erbin eines Vermögens von rund sieben Millionen Dollar (heute rund 134 Millionen). Sechs Millionen davon allerdings stecken in einem Treuhandfond und sind somit nicht für sie zu erreichen. Sie profitiert zwar von den Erträgen des Trust-Funds, hat aber keinen direkten Zugriff auf das Geld.

Hetty ist enttäuscht und sauer. Der Gedanke, dass ihr Vater ihr offenbar nicht zugetraut hat, das Vermögen verwalten zu können, nagt an ihr. Die Tatsache aber, dass ihre Tante Sylvia so großzügig war, ihr Erbe auch noch an entfernte Verwandte, Bedienstete oder Wohltätigkeitsorganisationen zu verteilen, gibt Hetty den Rest. Noch 1865 reicht sie eine Klage ein, um Sylvias Testament anzufechten und das gesamte Erbe für sich zu beanspruchen.

Hetty tut alles, wirklich alles, um an das Geld zu kommen, das ihrer Überzeugung nach allein ihr zusteht. Sie versucht, ihr Umfeld zu manipulieren, und macht dem Richter am Nachlassgericht sogar unmoralische Angebote. Sie würde ihn an ihren Gewinnen beteiligen, wenn er zu ihren Gunsten entscheide. Doch der Richter weist sie nur kühl zurück. Als er eines Abends nach Hause kommt, liegt ein Umschlag für ihn auf dem Esstisch. Ein klitzekleiner Bestechungsversuch. Der Richter schickt das Geld aber zurück und entscheidet einen Monat später, dass Sylvias letzter Wille rechtens ist und Hetty das Geld mit den von ihrer Tante benannten Erben teilen muss. Es kommt zum Berufungsprozess. Zeug:innen berichten, dass sie schon früher Angst vor Hetty gehabt hätten. Sie habe Wutausbrüche gehabt, und ihre Zielstrebigkeit und Beharrlichkeit hätten beängstigende Züge angenommen. Aus Hettys Sicht hat sich die ganze Welt gegen sie verschworen. Der Einzige, der in dieser Zeit zu ihr steht, ist ihr Mann Edward.

Bevor der Prozess zu Ende geht, einigen sich Hetty Green und die Treuhänder außergerichtlich. Hetty stimmt zu, dass alle bekommen, was ihnen im Testament versprochen wurde. Aber gerade als die Angelegenheit beigelegt scheint, verzögert Hetty den Prozess – weil sie sich zunächst weigert, die Steuern auf die Zuwendungen zu zahlen. All das zeigt, wie missgünstig und gierig Hetty Green geworden ist. Und so beginnt man langsam zu verstehen, wie sie sich zu einer Person entwickeln konnte, die manche als die meistgehasste Frau ihrer Zeit bezeichneten.

1868 wird Ned Green geboren, 1871 bekommen Hetty und Edward ihr zweites Kind, eine Tochter namens Hetty Sylvia Ann. Die Familie verbringt einige Jahre in London, wo Hetty sich endgültig den Finanzen widmet. In diesen Jahren feilt sie an ihrer Geldanlagestrategie, dem antizyklischen Investment. So investiert sie in Staatsanleihen zu Zeiten, in denen andere davon lieber die Finger lassen. Nach dem Amerikanischen Bürgerkrieg 1861–1865 ist das Land ziemlich zerrüttet. Die Menschen sind verunsichert und investieren lieber in Gold. Hetty aber agiert gegen den Strom und kauft die billigen Staatsanleihen, weil sie sicher ist, dass sich das Land erholt. Als sie aus Großbritannien wieder in die USA zieht, investiert sie in die US-Eisenbahn, die ihr Netz nach dem Bürgerkrieg schnell ausbaut. Innerhalb weniger Jahre verzigfacht sich Hetty Greens Vermögen. Irgendwann sind ihre Geldbestände größer als die der Banken in dieser Zeit – und sie ist damit eine mächtige Frau.

Ende des 19. Jahrhunderts ist New York City wieder Hetty Greens Lebensmittelpunkt. Mit Edward läuft es irgendwann nicht mehr so gut, die beiden streiten sich viel über – man ahnt es – Geld. Nach dem Bankrott des Bankhauses John J. Cusco & Son hat Edward hohe Schulden und Hetty den entsprechenden Hals. Mit Mitte 50, Ende der 1880er, verlässt sie ihn und zieht mit ihren Kindern in die Stadt. Sie könnten sich auf der Fifth Avenue eine Bude in der Millionaire's Row gönnen, neben den Rockefellers, Vanderbilts, Guggenheims oder anderen Magnaten dieser Zeit – doch stattdessen ziehen Hetty, Ned und Sylvia von einer billigen Mietwohnung zur anderen, um hohe Ausgaben zu vermeiden, und führen ein sehr schlichtes Leben. Die Wohnungen sind meist klein, teils heruntergekommen, wenig oder gar nicht beheizt. Beim Einkaufen wird gefeilscht, und an der Theke kauft Hetty nur Fleischreste oder zerbröseltes Gebäck, um jeden Cent zu sparen. Mode und Körperhygiene ist nicht so ihr Ding. Hetty trägt tagein, tagaus dasselbe schwarze, lange Kleid und ungepflegte Haare, weshalb ihr die Leute den Spitznamen »Witch of Wall Street« verpassen.

Ihr Geiz zeigt sich in einer Geschichte besonders eindrücklich. Ned, Hettys Sohn, leidet sein ganzes Leben an den Folgen eines Schlittenunfalls, den er als Kind hatte. Dabei hat er sich sein Bein so schwer verletzt, dass er fortan hinkt und immer wieder Schmerzen darin hat. Regelmäßig muss Hetty deshalb mit ihm zum Arzt, doch das kostet Geld, das Hetty nicht zahlen will. Ein Orthopäde verbreitet irgendwann die Geschichte, dass die Greens sich als Bedürftige ausgegeben hätten, die sich die Behandlung nicht ohne Unterstützung leisten könnten. Ein Kollege hätte Hetty Green, die mehrfache Millionärin, allerdings erkannt und enttarnt. Ned und Hetty seien abgehauen und nie wieder in der Klinik aufgetaucht. Diese Masche hat Hetty einigen Berichten zufolge häufiger angewendet und sich so mehrmals die beste Behandlung erschlichen, ohne dafür zu zahlen. Es gibt sogar das Gerücht, dass Hetty schuld daran sei, dass Ned sein Bein verloren hat. Wahr ist, dass Ned 1888 das kranke Bein abgenommen werden muss. Bis heute wird es in vielen Artikeln und Büchern über Hetty Green so dargestellt, als hätte sie eine akkurate Behandlung zuvor torpediert, aus Sorge vor den Kosten. Diese Geschichte lässt sich aber nicht belegen, ganz im Gegenteil meinen viele, die sich mit Hetty beschäftigt haben, dass sie ihren Sohn viel zu sehr liebte, um so herzlos zu handeln.

Während ihr Image immer mehr leidet, läuft es kohletechnisch für Hetty immer besser. Für ihr finanzielles Gespür hat sie, aller Kratzbürstigkeit zum Trotz, viele Bewunderer. Es scheint, als besäße sie eine Glaskugel, die ihr die Entwicklungen am Markt vorhersage. So hat sie zum Beispiel die historische Finanzkrise in den USA im Jahr 1907 kommen sehen. Im Oktober 1907 fallen die Kurse an der Wall Street um fast die Hälfte von ihrem Höchststand im Vorjahr. Die Krise breitet sich im ganzen Land aus, viele kleinere Banken und Unternehmen gehen bankrott. Hetty, die die Panik schon drei Jahre davor auf dem Schirm hatte, hat zu dem Zeitpunkt so viel Bares angehäuft, dass sie unter anderem der Stadt New York City 1,1 Millionen Dollar leihen kann, um durch die Krise zu kommen. Es spricht sich schnell rum: Wenn man viel Geld braucht, bettelt man bei Hetty. Sie sitzt am Hebel der Macht in Situationen, in denen Banken kapitulieren müssen.

Ende der 1900er-Jahre, da ist Hetty Green Mitte 70, fühlt sie sich einsam. Ihr Mann ist 1902 nach langer Krankheit gestorben. Die zwei hatten zuletzt zwar keine funktionierende Ehe mehr, dennoch hat sie ihn in den letzten Jahren seines Lebens gepflegt. Ned lebt seit vielen Jahren in Texas, und Sylvia ist mittlerweile verheiratet und ausgezogen. Hetty fällt es schwer, in der gewohnten Geschwindigkeit weiterzuarbeiten, und muss sich eingestehen, dass sie alt geworden ist. 1910 bittet sie ihren Sohn, zurück nach New York zu kommen, um sich mit ihr um das Business zu kümmern. Ned managt den Nachlass, und Hetty zieht sich nach und nach zurück. Leise bereitet sie ihren Tod vor.

Am 17. April 1916 hat Hetty Green einen Schlaganfall. Laut Ned habe sie sich zuvor mit einer Angestellten ihrer Freundin darüber gestritten, welche Vorteile fettreduzierte Milch habe. Hetty ist danach auf der linken Seite gelähmt und lebt von diesem Tag an bei ihrem Sohn. Am 3. Juli stirbt Hetty im Alter von 81 Jahren, während ihre Kinder an ihrem Bett sitzen.

Hetty Green ist eine Frau, die sich, allen Überlieferungen nach, immer treu geblieben ist. Die Arbeit mit dem Geld war ihre Leidenschaft, es hat sie glücklich gemacht. Sie ist auch eine Frau, die ihre eigenen Prinzipien hatte und wenig Wert auf gesellschaftliche Standards legte. Vor allem aber ist sie dem Leitsatz ihres Vaters immer treu geblieben. Der hat mal etwas zu ihr gesagt, das sie nie vergessen hat: »Du schuldest den Leuten gar nichts. Nicht einmal Freundlichkeit.«

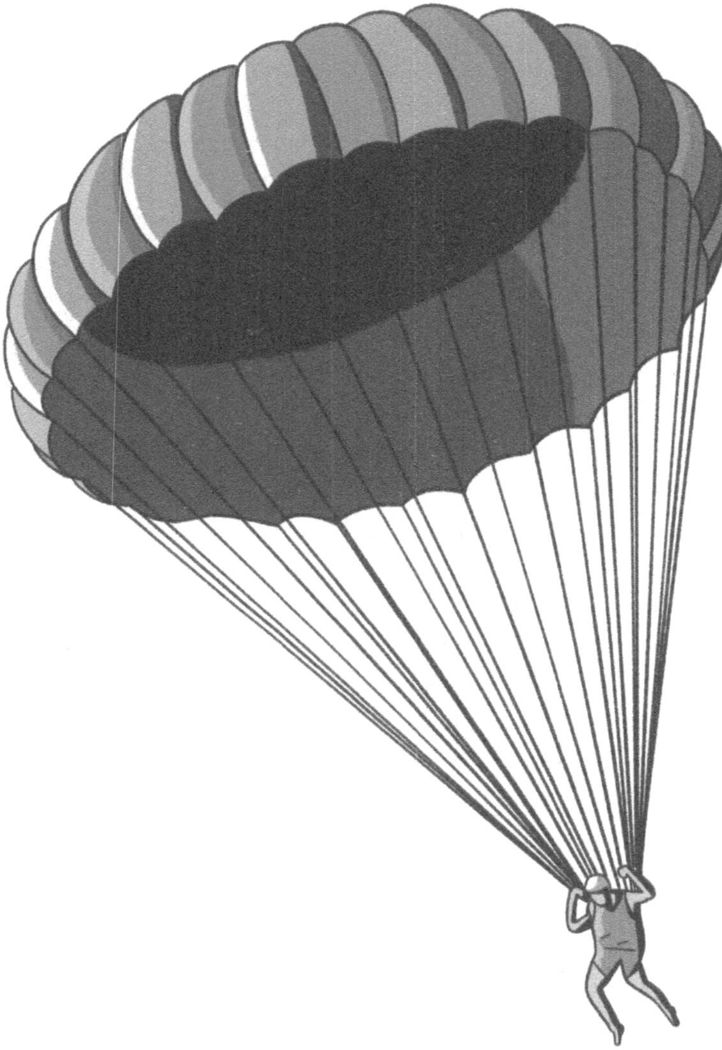

DAS FLIEGENDE SCHNEIDERLEIN

Die Top fünf der unnötigsten Tode: Franz Reichelt

Der Traum vom Fliegen ist wahrscheinlich so alt wie die Menschheit. Und man kann es sich ja ausmalen: Bevor der erste Mensch einen erfolgreichen Flug absolviert hat, war jede Menge Pionierarbeit nötig. Dafür braucht man Leute, deren Entdeckerdrang größer ist als ihr Bedürfnis nach Sicherheit. Anders gesagt: Leute, die für ihren Traum vom Fliegen bereit sind, ihr Leben aufs Spiel setzen. Franz Reichelt ist so jemand. Er ist heute bekannt als der Mann, der 1912 mit einem selbst gebastelten Fallschirm vom Eiffelturm in den Tod gesprungen ist.

Franz Reichelt wird 1878 in Wegstädtl, nördlich von Prag, geboren, kommt aber nach kurzen Stationen in Wien und Berlin 1903 nach Paris. Hier macht er mit Mitte 20 in einem schicken Viertel, nicht weit von der Oper, einen Schneidersalon für Damenmode auf. Die Schneiderei hat es ihm angetan, und in der Hauptstadt der Mode ist er mit diesem Handwerk genau richtig.

Doch Franz Reichelt ist nicht nur mit voller Leidenschaft Schneider, er ist noch viel leidenschaftlicher Erfinder. Schon in Berlin soll er an einem Anzug gearbeitet haben, der sich im Flug öffnet. Denn Franz will eigentlich nur eins: fliegen. Sehr wahrscheinlich kennt er die Versuche früherer Flugpioniere, die wie er einen funktionierenden Fallschirm entwickeln wollten. Davon gab es nicht wenige. Die ersten Zeichnungen von Fallschirmen hat schon Leonardo da Vinci 1485 angefertigt. Über den Kroaten Fausto Veranzio gibt es die Sage, er sei 1617 mit einem flachen Segel von einem Glockenturm gesprungen. Und die Franzosen Louis-Sébastien Lenormand oder André-Jacques Garnerin gelten als die Ersten, denen im 18. Jahrhundert nachweislich Fallschirmsprünge gelungen sind. Doch die Fallschirme all dieser Flugpioniere waren groß, schwer und sperrig. »Da geht doch noch mehr«, denkt sich Franz Reichelt.

1911 kommt eine Gelegenheit, die er sich nicht entgehen lassen kann. Der renommierte Aéro-Club de France, der weltweit älteste Fliegerclub, veröffentlicht eine Ausschreibung: Es soll ein Fallschirm konstruiert werden, der höchstens 24 Kilo wiegt und Flugpilot:innen im Falle eines Absturzes rettet. Derjenige, der es schafft, innerhalb von drei Jahren ein überzeugendes Design vorzulegen, bekommt ein Preisgeld von 10 000 Franc. Spätestens das ist der Moment, in dem Reichelt beginnt, sich so richtig reinzusteigern.

Seine Mission ist klar. Es soll ein Fallschirm werden, der im Fluganzug integriert ist, sodass ein:e Pilot:in ihn direkt am Körper tragen kann. Er muss dementsprechend platzsparend und leicht sein. Reichelt schneidert also rum und macht erste Tests mit Dummys. Dafür hängt er schwere Säcke an seine Konstruktion und wirft diese aus dem fünften Stock. Einigen Quellen zufolge sollen diese Tests sogar erfolgreich gewesen sein. Als Reichelt seine Fallschirmkonstruktion dann aber vor den Experten des Aéro-Club präsentiert, wird die Idee sofort abgelehnt. Das Gerät ist mit rund 70 Kilo viel zu schwer und die Tragfläche zu klein, das sei zu unsicher, heißt es. Für Franz Reichelt ist die Ablehnung aber kein Grund, aufzuhören. Er ist mittlerweile nicht mehr nur überzeugt von seiner Entwicklung, er ist besessen.

Reichelt verfeinert sein Design mit dem Ziel, das Gewicht zu reduzieren und die Oberfläche des Materials auf rund zwölf Quadratmeter zu erhöhen. Noch im Jahr 1911 soll er mit seinem

Fluggerät höchstpersönlich einen Testsprung aus etwa zehn Metern Höhe gemacht haben, berichtet die französische Tageszeitung *L'Ouest-Éclair*. Der Versuch scheitert jedoch, Franz Reichelt landet glücklicherweise unverletzt auf einem großen Haufen Stroh. Auch weitere Versuche gehen schief. Doch Reichelt gibt nicht auf. Er hat nämlich eine Theorie: Er glaubt, sein Fallschirm funktioniert nur deshalb nicht, weil die Fallhöhe nicht groß genug war. Go big or go home, richtig?

Es ist der 4. Februar 1912. Ein eiskalter Sonntagmorgen, um die null Grad Celsius. Franz Reichelt und zwei Begleiter fahren in einem Auto auf dem Platz des Eiffelturms vor. Die Polizei ist da, auch Journalisten und Schaulustige. Sie alle wollen live miterleben, wenn hier heute Geschichte geschrieben wird. Vor den Augen der Welt will der Schneider beweisen, dass sein Fallschirmanzug flugtüchtig ist, indem er höchstpersönlich einen Testsprung vom Pariser Eiffelturm macht. Für damalige Verhältnisse ist dieser Ort der wohl medienwirksamste, den man wählen kann. Der Turm wurde 1889 zur Eröffnung der Pariser Weltausstellung eingeweiht und ist in der Zwischenzeit das Wahrzeichen der Stadt, ja, der europäischen Moderne geworden. Und natürlich hat Reichelt auch selbst die Presse, inklusive Fotografen und Kameraleuten, eingeladen. Stolz präsentiert er dem Publikum seinen Anzug und posiert für Fotos, bevor er sich an die Arbeit macht. Der 33-Jährige wirkt selbstbewusst, überzeugt von dem, was er gleich demonstrieren wird.

Gemeinsam mit seinen Begleitern und Kameramännern steigt Reichelt die ersten Stufen des Eiffelturms hinauf. Einmal noch hält er kurz inne, dreht sich der Menge zu und ruft »À bientôt«, bis gleich! Auf 57 Metern Höhe erreichen die Männer die erste Plattform. Ein Kameramann filmt den Moment. Reichelt öffnet seinen Anzug, langsam entfaltet sich der Stoff. Und so klettert er auf einen Stuhl, um auf die Brüstung der Plattform zu steigen. Franz Reichelt blickt noch einmal in den Himmel, das Wetter ist ruhig. Seine Freunde stehen zu seinen Füßen, sie zupfen an seinem Fallschirm und reden ihm zu, wahrscheinlich versuchen sie, ihn ein letztes Mal von dem Sprung abzuhalten. Doch der Schneider stellt schon den rechten Fuß auf das Geländer und beginnt langsam nach vorn und hinten zu wippen. Zu diesem Zeitpunkt ist niemand mehr in der Lage, Franz Reichelt von seinem Vorhaben abzubringen. Er ist überzeugt, dass sein Fallschirm funktioniert.

Franz Reichelt zögert noch etwa 40 Sekunden. Dann springt er, mit einem sanften Lächeln auf den Lippen. Wenige Sekunden später schlägt er auf dem kalten Boden am Fuß des Turms auf und ist sofort tot. Reichelts Fallschirm hat nicht funktioniert. Im Flug hat er sich verheddert und konnte sich nicht ganz entfalten.

Nach Reichelts Tod äußert sich Louis Lépine, der Präfekt der Polizei. Es sei bei solchen Experimenten selbstverständlich, dass nur Attrappen verwendet werden. Die behördliche Freigabe für Reichelts Fallschirmversuch sei nur auf der Grundlage erfolgt, dass er Dummys nutzen – und nicht selbst springen würde. Wie es scheint, hat die Polizei nicht genau hingesehen, als der Schneider den Turm bestieg.

Franz Reichelt hat seinen Sprung nicht überlebt, und trotzdem hat er ihn unsterblich gemacht. Das traurige Video davon geht um die Welt und sammelt bis heute Klicks auf YouTube. Ein französischer Filmemacher bezeichnete Franz Reichelt sogar mal als »das erste Opfer des Kinos«, und das in doppelter Hinsicht. Zum einen ist sein Tod filmisch dokumentiert. Zum anderen darf man sich die Frage stellen, ob Reichelt durch die Anwesenheit der Kameramänner nicht erhöhten Druck verspürt hat, den Sprung auch wirklich durchzuziehen.

Hätte es zu Franz Reichelts Zeiten schon Internet gegeben, hätte er seinen riskanten Sprung vielleicht doch noch mal überdacht und abgesagt. Denn dann hätte er erfahren, dass er sein Ziel, der erste und einzige Fallschirmpionier zu werden, sowieso nicht mehr erreichen kann, da jemand anders schneller war: Nur zwei Tage vor Reichelts Sprung ist einem amerikanischen Fallschirmenthusiasten namens Frederick R. Law mit einem tragbaren Fallschirm ein Sprung von der Freiheitsstatue gelungen. Das Video von diesem Sprung allerdings kennt heute keine Sau.

STALINS MENSCHENAFFEN

oder: Wie ein sowjetischer Forscher einen Affen-Mensch-Hybriden züchten wollte

In Deutschland bekommt man manchmal den Eindruck, dass wir nur eine längere Hitzewelle davon entfernt sind, alle den Verstand zu verlieren. Sobald die Temperaturen über die 30-Grad-Marke klettern und man sich eine Portion Freibadpommes und ein Quetsch-Calippo holt, wird man von absurden Titelseiten am Kiosk erschlagen: »Ufo-Sekte will jetzt Hitler klonen« zum Beispiel, oder wie wär's mit »Lufthansa fliegt jetzt mit Öko-Plörre«? Ein Artikel, in dem es darum geht, dass Flugzeuge mit Biokerosin unterwegs sind. Oder, unerreicht: »Lotto-Zahlen immer blöder«. Unser All-Time-Favorit der hirnrissigen Sommerlochschlagzeilen ist aber: »IRRER GEHEIMPLAN ENTHÜLLT: STALIN ZÜCHTETE AFFEN-MENSCHEN FÜR DEN KRIEG«.

Ilja Iwanowitsch Iwanow – von den Boulevard-Zeitungen viel lieber der rote Frankenstein genannt – soll in einem Geheimlabor an der Schwarzmeerküste an einer neuen Art geforscht haben. Ein Geschöpf, so stark wie ein Gorilla, aber so fügsam wie ein unterwürfiger Mensch. Oder, wie der russische Science-Fiction-Autor Jeremei Parnow, ein »Experte« in Sachen Iwanow, der sich durch zahlreiche »Geheimakten« gegraben hat, formulierte: »Stalin wollte dumme, gehorsame Sklaven hervorbringen, die schwere Arbeit verrichten.« Und dann natürlich auch in den Krieg ziehen, eine perfekte Supersoldatenspezies. Parnow nannte die Art, an der Iwanow angeblich gearbeitet hatte, den »Yahoo sovieticus«, benannt nach den »Yahoos« aus Jonathans Swifts *Gullivers Reisen*. In diesem Roman sind die Yahoos arbeitswillige Menschenwesen, die ohne Beschwerde die Drecksarbeit machen.

Sie ahnen es wahrscheinlich schon: Jeremei Parnow hat unrecht. Es gab keinen Planeten der Affen an der Schwarzmeerküste – das Ganze startet als übles Gerücht und verwandelt sich dann in eine hartnäckige Verschwörungstheorie, die aufzurollen einiges an Energie kostet. Aber es lohnt sich. Denn hinter der wahren Geschichte von Ilja Iwanows Versuchen verbirgt sich ein spektakulärer Fail. Und ein Forscher, der für seine Wissenschaft bis an die Grenzen des ethisch Vertretbaren geht.

Auf der Bühne der Weltöffentlichkeit tritt Iwanow zum ersten Mal 1910 in Erscheinung. Vom 15. bis zum 20. August findet in diesem Jahr nämlich an der Universität Graz der Weltkongress der Zoologen statt. In der Ankündigung zur Veranstaltung heißt es, dass man fünf Tage in verschiedenen Sektionen zusammenarbeiten und Vorträge halten will. Nachmittags gibt es Ausflüge in die nähere Umgebung, für 200 Kronen kann sogar eine Fahrt nach Dalmatien auf einem Sonderdampfer gebucht werden, Kaffee und Kuchen gab's bestimmt auch. Aber dem ein oder anderen dürfte nach dem Vortrag von Ilja Iwanow, in dem er über das Potenzial der künstlichen Befruchtung spricht, der Appetit vergangen sein.

Geboren wird Iwanow am 1. August 1870 in Schtschigry in Westrussland. Sein Vater ist ein Beamter in der Bezirkskasse, seine Mutter stammt aus einer kleineren Gutsbesitzerfamilie. Ein begabter Junge, der sich schon früh für Biologie interessiert und im heutigen Charkiw Biologie studiert. Als er in Graz eintrifft, arbeitet er schon mehr als zehn Jahre auf dem Feld der künstlichen Befruchtung, sehr erfolgreich sogar. Zum Beispiel erschafft Iwanow den ersten Hybriden zwischen Zebra und Esel – einen Zesel sozusagen. Die künstliche Befruchtung hilft ihm, eigentlich paarungsunwillige Tiere miteinander zu kreuzen. Die Reproduktionsmedizin ist damals erst im Entstehen begriffen. Im Jahr 1780 hat der italienische Naturforscher Lazzaro Spallanzani zum ersten Mal einen Hund künstlich befruchtet. Aber sein Durchbruch hat nicht die wissenschaftliche Durchschlagskraft, die man sich wünschen würde. Knapp 100 Jahre bleiben Spallanzanis Experimente unbeachtet – erst Iwanow und seine Kollegen sind es, die den Faden wieder aufnehmen. Und wie das so oft bei jungen Wissenschaften ist, scheinen die Möglichkeiten der künstlichen Befruchtung am Anfang noch unbegrenzt. Iwanow zitiert in seinem Vortrag Walter Heape, den Mann, der den ersten Embryotransfer der Welt durchgeführt hat: »Prof. Heape behauptet kategorisch, daß wir keine Beweise gegen die Möglichkeit der Befruchtung des weiblichen Säugetieres durch den Samen jedes beliebigen Säugetieres besitzen.«

Und genau das ist die Frage, die Iwanow beschäftigt. Wenn wir es schaffen, einen Esel und ein Zebra zu kreuzen (Zesel), ein Schaf und eine Ziege (Schiege), Löwe und Tiger (Liger), Wolf und Pudel (Wopu) – dann wird es doch wohl möglich sein, Mensch und Affe zu vereinen? Diese Frage will Iwanow beantworten und sieht in der künstlichen Befruchtung den Schlüssel, Grundlagenforschung zu betreiben. Der russische Zoologie-Professor mit dem wilden weißen Rauschebart und schütteren Haar stellt sich also in Graz vor die Menge und sagt: »Die Versuche der Kreuzung des Menschen mit den Anthropoiden büßen den widerlichen Charakter ein und können ohne Verletzung der Moral und Religion im Laboratorium entschieden werden.« Eine absolut skandalöse Idee, aber Forschung dieser Art an Menschen ist damals noch nicht geächtet. Tatsächlich wirkt sein Unterfangen für die meisten seiner Wissenschaftskollegen, vor allem jene, die nicht allzu christlich sind, wie der nächste nötige Schritt, um die Gesellschaft nach vorn zu bringen. Für andere – und für uns heute – ist Iwanow selbst jedoch wie der eine Freund in der Clique, der es immer zu weit treibt und an einem Freitagabend, wenn alle betrunken sind, vorschlägt, man könne ja ein Auto klauen, sich MDMA reinschrauben und versuchen, so viele Gartenzwerge wie möglich vom Nachbarschaftsverein zu klauen. »Du ... Unser Vibe war eher so: Lass in den Club gehen« – »War ja nur ne Idee!«

Aber die Umsetzung jeder radikalen Idee braucht jemanden, der mindestens genauso bekloppt ist wie man selbst. Jemanden, der auch bereit ist, eine revolutionäre Idee zu unterstützen. Jemanden, der keine Probleme damit hat, die Grenzen von Recht und Moral zu überschreiten. Diese Person für Ilja Iwanow ist Josef Stalin. Als Lenin im Jahr 1924 stirbt, beginnt innerhalb der Kommunistischen Partei ein erbitterter Machtkampf. Über Jahre baut Stalin seine persönliche Macht aus, beseitigt seine Feinde in der Partei und treibt die Revolution weiter. Dazu gehört natürlich auch eine radikale Säkularisierung, also eine strikte Trennung von Kirche und Staat. Die Kirchen werden enteignet, religiöse Rituale und Feiertage verboten, die staatliche Propaganda zielt darauf ab, den Atheismus zu verbreiten.

Und in dieser Gemengelage kommt die alte Idee von Iwanow wieder ins Spiel. Denn wo bislang auf seinem Forschungsgebiet immer noch religiöse Vorbehalte existieren, kann man die nun endlich abstreifen. Man kann nun einen Menschen und einen Affen kreuzen – die Bahn ist frei. Dazu kommt, dass im Rahmen der Sowjetunion nun auch ein »Warum« für Iwanows Forschung gefunden wird. Es ist eine Sache, ein Affenweibchen mit Menschensperma zu befruchten, weil es halt geht – aber wenn man damit noch die Ehre der Sowjetunion mehren und einen Wissenschaftsstreit beilegen kann, umso besser!

In den 20er-Jahren des vergangenen Jahrhunderts streiten sich nämlich Darwinisten und Kreationisten über die Herkunft des Menschen. Haben wir und die Menschenaffen einen gemeinsamen Vorfahren, oder entstammt die Menschheit doch der Rippe Adams? Iwanow holt schon mal seine Probenbehälter aus dem Keller. Vielleicht könne man so auch ein für alle Mal die Frage lösen: Woher kommt der Mensch? Das Regime ist begeistert, die Forschung kann beginnen.

Dass die Kreuzung zwischen Menschen und Affen eigentlich unmöglich ist, hätte Iwanow damals bereits wissen können. DNA-Analyse gab es zwar noch nicht, aber die Chromosomenanzahl unterscheidet sich schon deutlich: Schimpansen haben 48 Chromosomen, wir Menschen nur 46. Dadurch ist eine Fortpflanzung so gut wie ausgeschlossen. Bei der Zellteilung gäbe es zwei Chromosomen, die keine Partner finden würden – der Prozess würde in sich zusammenfallen. Iwanow will es trotzdem versuchen, denn wenn es klappt, hat er den Darwinismus auf eine radikale Art bewiesen und gleichzeitig seiner Reproduktionsforschung die Krone aufgesetzt. Für seine Idee kann er nicht nur Stalins Regime begeistern, auch die Russische Akademie der Wissenschaften, die US-amerikanische Vereinigung für den Fortschritt des Atheismus und das renommierte französische Pasteur-Institut unterstützen seinen Plan. Für diesen braucht er allerdings erst mal zwei Dinge. Erstens: Er muss sich entscheiden, wie er das Hybridprojekt angehen will. Will er eine menschliche Frau mit Affensperma befruchten? Oder andersrum? Zweitens: Er braucht dringend Affen.

Im Frühjahr 1926 bricht Iwanow zu seiner großen Reise auf. Von der sowjetischen Regierung hat er 10 000 Dollar bekommen, das reicht zwar nicht ganz, um das Projekt komplett zu finanzieren, aber es ist ein Anfang. Nach einem längeren Zwischenstopp in Paris, auf den wir später noch mal zu sprechen kommen, reist er nach Kindia, ins damalige Französisch-Guinea, wo das Institut Pasteur eine der ersten Primaten-Stationen der Welt aufbaut. Sein Plan ist so simpel wie menschen- und affenverachtend: Er will mit einer Handvoll Jäger in den Dschungel gehen und einen männlichen Schimpansen finden. Dann will er eine junge gebärfähige Frau bestechen, sich mit Affensperma künstlich befruchten zu lassen. Die Menschen vor Ort sind schockiert, als sie von dieser Idee hören. Sie erzählen Iwanow, dass es manchmal zu Vergewaltigungen durch Affen komme; Frauen, denen das passiere, werden aus der Dorfgemeinschaft ausgeschlossen. Kein Geld der Welt könne diese soziale Schmach wettmachen. Iwanow zeigt wenig Mitleid und ist enttäuscht. Außerdem sieht er die sexuellen Handlungen als Zeichen dafür, dass an seiner These etwas dran sein muss.

»Na gut«, denkt sich Iwanow, »wenn der Berg nicht zum Propheten kommt, dann muss der Prophet eben zum Berg gehen.« Er ändert die Reihenfolge der Befruchtung und versucht es mit menschlichem Sperma in Affenweibchen. Wir wissen leider nicht ganz genau, woher dieses Sperma stammt, aber es liegt nahe, dass Iwanows Sohn der anonyme Spender ist. Der 22-Jährige ist mit dem Herrn Papa auf großer Expedition und lässt es sich in der Villa am Botanischen Garten von Conakry, der Hauptstadt Guineas, so richtig gut gehen. Morgens wird ein bisschen im Atlantik gebadet, nachmittags Tennis gespielt – und abends ein paar Affen befruchtet.

Wichtig ist nur, dass niemand in Conakry etwas von diesen Versuchen mitbekommt – Iwanow ist bei der Bevölkerung schon einmal mit seiner Idee angeeckt, wie würden die wohl diesen Tausch der Versuchsanordnung finden? Vater und Sohn lassen sich drei Schimpansenweibchen fangen, die sie besamen wollen: Babette, Sylvie und Black. Weil alles unter dem Mantel der Verschwiegenheit stattfinden muss, haben die beiden Männer keine Zeit, einen professionellen Versuchsaufbau durchzuführen. Iwanow betreibt eine Art Hinterhof-Gynäkologie und keine sterile Praxis mit Abo der *Apotheken-Umschau*. Die drei Affen werden eher hastig befruchtet – bei keinem kommt es zu einer Schwangerschaft. Iwanow ist am Boden zerstört. Außerdem hat er Probleme, die Affen, die er fangen lässt, gesund zu halten – der Professor der Zoologie kennt sich einfach nicht genug aus. Das ist übrigens kein singuläres Problem von Ilja Iwanow – überall auf der Welt gibt es Probleme mit der Affenhaltung. Denn Menschenaffen überleben damals nicht lange in Gefangenschaft: Werden nicht strengste Hygieneprotokolle eingehalten, kann selbst eine simple Erkältung für Menschenaffen wie Schimpansen tödlich enden. Außerdem werden oft auch nicht die klimatischen Bedingungen geschaffen, in den sich Menschenaffen wohlfühlen. Nur eine Frau hat es zur damaligen Zeit geschafft, Menschenaffen auch in Gefangenschaft zu züchten: die Kubanerin Rosalía Abreu. Rosalía ist so etwas wie die »Monkey Queen« der 20er-Jahre, sie besitzt mehr als 80 Affen, ist gut vernetzt, stinkreich und hat ein Händchen für ihre geliebten Affen. Allerdings ist sie keine Forscherin, sondern eher so etwas wie eine private Sammlerin.

Vielleicht kann sie Iwanow ja helfen, sein Experiment endlich erfolgreich durchzuführen? Er schreibt ihr einen Brief, den man vielleicht so zusammenfassen könnte: »Du … Rosalía, ich hab da mal eine Frage. So Affen, ne? Hast du nicht auch immer schon drüber nachgedacht: Was würde wohl dabei rauskommen, wenn wir Sex mit denen hätten? Lass diese Frage mal klären …«

Und Rosalía so: »Perfekt! Find ich eine Spitzenidee!« Die Kubanerin ist Feuer und Flamme, hat aber nur eine Bedingung:

Iwanow soll mit der Befruchtung von Affenweibchen aufhören, die Belastung einer Schwangerschaft wäre für das Tier zu groß. Stattdessen würde sie Schimpansensperma organisieren, welches dann in Frauen eingesetzt werden könne.

Endlich scheint Iwanow seiner Lösung ein Stück näher gekommen zu sein. Das trifft sich gut, weil sein Lebensstil, die Affenfängerei und die vielen Reisen nagen ganz schön an seinem Budget: Wenn er es mithilfe von Abreu schafft, eine – sagen wir mal – kostenneutrale Affenspermaquelle aufzutun, dann braucht er nicht so viel Geld für seine Forschungen. Aber ein paar Finanzierungsanfragen hat er nun mal schon gestellt, und diese machen ihm jetzt gehörig einen Strich durch die Rechnung. Denn die Association for the Advancement of Atheism spricht mit der *New York Times* über die fantastischen Pläne des Ilja Iwanow – und die Öffentlichkeit ist schockiert. Ein gewaltiger Shitstorm geht über dem Forscher nieder, die Regierung in Französisch-Guinea ist empört, in Moskau tritt sogar eine Expertenkommission zusammen und verbietet Iwanow, Versuche an Menschen durchzuführen – es sei denn, die Kommission stimmt zu. Sogar der Ku-Klux-Klan ist außer sich, er befürchtet die »Verunreinigung reinrassiger weißer Frauen« und macht das, was der Ku-Klux-Klan nun mal so macht: Er droht, Rosalía Abreu umzubringen. Die ist so verschreckt, dass sie Iwanow eine Absage erteilt. Interessanterweise verfehlt die Atheismus-Truppe damit kolossal ihr Ziel, denn auch diese Vereinigung war durch und durch rassistisch, und ihr Präsident Howell England hatte insgeheim gehofft, durch die Affenexperimente eine Reihe von rassistischen und antisemitischen Theorien zu beweisen. Zum Beispiel, dass Juden den Gibbons ähnlich sind und weiße Menschen den Schimpansen. Daraus wird nichts mehr, denn Iwanow ist jetzt international geächtet.

Auch interessieren sich Journalist:innen nun für das, was er auf seinem Zwischenstopp in Paris so getrieben hat. Denn vor seiner Zeit in Westafrika hat er dort Serge Voronoff besucht, dem wir im Podcast »Darwin gefällt das« auch schon mal eine eigene Folge gewidmet haben. Voronoff war überzeugt, dass man durch das Einsetzen von Affenhoden in die Oberschenkel von Männern deren Zeugungsfähigkeit und Manneskraft wiederherstellen kann. Eine Operation, die in den 20er-Jahren tatsächlich kurz zum Hype wird. Sogar Pablo Picasso soll einen Affenhoden getragen haben, heißt es. Natürlich entpuppt sich diese Operation als ganz großer Pfusch, aber das hat uns Menschen ja noch nie davon abgehalten, etwas offensichtlich Dämliches zu tun. Während seiner Zeit in Paris, also vor der Affenhatz in Guinea, besuchte Ilja Iwanow seinen Landsmann und Affenfan Voronoff – das Ganze ist aber kein Kaffee- beziehungsweise Teekränzchen mit Pirogi. Die beiden arbeiteten an einem ganz besonderen Projekt, das die Weltöffentlichkeit schockieren wird. Voronoff und Iwanow setzten einem Schimpansenweibchen namens Nora den Eierstock einer Frau ein und versuchten die Schimpansin dann mit menschlichem Sperma zu befruchten. Nora starb an den Folgen der Behandlung. Die Neuigkeit vom Experiment verbreitete sich wie ein Lauffeuer und inspirierte sogar die Weltliteratur. In Michail Bulgakows Erzählung *Hundeherz* transplantiert ein Wissenschaftler das Gehirn und die Drüsen eines toten Kriminellen in einen Hund, wodurch dieser zu einem Menschen mutiert.

Die Nora-Affäre zusammen mit der Schimpansenbefruchtung sorgt für erheblichen Gegenwind für die Karriere Iwanows. Wieso will denn niemand die Genialität seiner Idee erkennen? Aber Iwanow gibt nicht auf. Als es scheint, dass die ganze Welt sich gegen ihn verschworen hat und Expertenkommissionen über seine Experimente entscheiden wollen, reist er aus Französisch-Guinea ab. Aber nicht, ohne zuvor noch ein gutes Dutzend Schimpansen einzupacken, denn Iwanow hat erfahren, dass im abgelegenen Abchasien eine Affenstation gebaut werden soll. Zeit also, umzuziehen vom kalten, wissenschaftsfeindlichen Moskau ins subtropische Sochumi am Schwarzen Meer. Iwanow hat kaum seine Koffer ausgepackt, da legt er schon los. Dafür geht er zurück zu seinem ursprünglichen Versuchsaufbau – Frauen, die von Affensperma befruchtet werden. Die Kommunistische Akademie gibt ihm als Auflage, dass er von jeder Freiwilligen eine ausdrückliche schriftliche Erklärung einfordern soll, dass diese wissen, worauf sie sich einlassen: nach einer – vermutlich neunmonatigen – Schwangerschaft einen Affenmenschen-Hybriden auf die Welt zu bringen. Die Strapazen der Schwangerschaft und Geburt werden nicht vergütet, dafür kümmert man sich im Primatenzentrum um Mutter und Affenkind. Tatsächlich findet Iwanow fünf Frauen, die sich auf dieses Wagnis einlassen. Wo er sie auftreibt, ist unklar. Ein Brief ist überliefert: »Wenn ich daran denke, dass ich der Wissenschaft einen Dienst erweisen kann, fasse ich Mut, Ihnen zu schreiben. Ich bitte Sie, lehnen Sie mich nicht ab. Ich ersuche Sie, mich für das Experiment zu akzeptieren.« Ob für diesen Brief nicht doch Geld geflossen ist, wissen wir nicht. Es wäre Ilja Iwanow aber zuzutrauen.

Inzwischen schreiben wir das Jahr 1929. Endlich ist Iwanow an seinem Ziel angekommen. Ihm stehen fünf willige Frauen und ein Orang-Utan namens Tarzan, der als Versuchsobjekt herhalten soll, zur Verfügung. Von dem Dutzend Affen, das Iwanow aus Afrika mitgebracht hat, ist er das einzig überlebende Exemplar, das für seine Versuche taugt. Man kann sich die Situation vielleicht so vorstellen: Ilja Iwanow liegt am Schwarzen Meer auf einer großen Gartenliege, es ist ein wunderschöner Sommertag. Das Rauschen des Meers wird nur hier und da von kleinen Affenschreien unterbrochen. In Gedanken geht Ilja schon einmal den Versuchsaufbau durch, überlegt, wie er Tarzan zum Ejakulieren bringt, wie er dann das Affensperma aufbereitet und die Freiwilligen inseminiert. Ilja legt sich auf den Rücken, will sich noch von der anderen Seite bräunen und gerät ins Tagträumen: Was seine Hybriden wohl alles machen könnten? Vielleicht könnten sie im Arbeiterstaat die schwere Arbeit übernehmen, sodass die Sowjetmenschen ein erfüllteres Leben führen. Vielleicht können sich ja bald alle so in der Sonne aalen wie er. Ilja will gerade noch mal zum Cocktail greifen, als sich in seinem Unterbewusstsein ein böses Gefühl breitmacht. Irgendwas stimmt nicht. Sein Verstand versucht, ihn zu beruhigen: »Mach dir keine Sorgen – es ist alles wie immer.« Das Wetter ist top, das Meer rauscht vor sich hin, die Affen schrei… ach du Scheiße, die Affen! Als Ilja ins Labor stürzt, sieht er, was passiert ist. Tarzan ist tot, gestorben an einer Hirnblutung. Die Bedingungen im Institut waren leider nicht gut genug, das Überleben auch des letzten importierten Menschenaffen zu sichern.

Ilja ist am Boden zerstört, aber es gibt einen Hoffnungsschimmer: In einem Jahr soll eine neue Horde Affen geliefert werden. Das bekommt Iwanow aber nicht mehr mit. Denn die Grabenkämpfe innerhalb der Kommunistischen Partei nehmen ihr Ende – Stalin reißt endgültig die Macht im Staat an sich. Im Zug des »Großen Umbruchs« werden die Sowjetgesellschaft und ihre Institutionen umgestaltet, Stalin lässt viele Wissenschaftler und Wissenschaftlerinnen verhaften und in den Gulag verfrachten. Im Dezember 1930 steht plötzlich die Geheimpolizei vor Iwanows Tür, seine Wohnung wird durchsucht und er selbst wegen konterrevolutionärer Aktivitäten verhaftet. Was genau er getan haben soll, bleibt unklar. Ebenso, ob die Geschichte anders verlaufen wäre, wenn seine Forschungen viel früher Früchte gezeigt hätten, er wirklich einen Hybriden auf die Welt gebracht hätte. Zwei Jahre später stirbt Ilja Iwanow in Gefangenschaft.

Was von seiner Forschung bleibt, ist die Verschwörungstheorie, dass Stalin sich eine Menschaffenarmee gewünscht hat. Die tragische Geschichte eines Forschers, der mehr als 20 Jahre an einer Idee arbeitet, die zum Scheitern verurteilt ist, aber es gegen jede Moral immer wieder versucht, ist leider in Vergessenheit geraten.

ROAR
oder:
Der gefährlichste Film aller Zeiten

»Bei den Dreharbeiten zum Film kamen keine Tiere zu Schaden, wohl aber 70 Menschen.« So lautet der neue Werbeslogan des Films *Roar*, der im Jahr 2015 auf der Tech- und Popkulturmesse SXSW in Austin, Texas, seinen Re-Release feiert. Mehr als 30 Jahre lang existierte der Spielfilm nur im Untergrund, wurde von Filmfans tuschelnd auf VHS kopiert und weitergegeben mit den Worten: »Das hier ist das Verrückteste, was du jemals gesehen hast. Vertrau mir.«

Der Grund für den Kultstatus: In *Roar* treffen echte Menschen auf eine Horde wilder Löwen – und werden regelmäßig von ihnen angefallen. Denn Regisseur Noel Marshall dachte, dass es eine wahnsinnig gute Idee wäre, 150 Raubkatzen auf eine Gruppe von Schauspielern und Schauspielerinnen loszulassen. Zum Re-Release sehen wir Behind-the-Scenes-Fotos – so musste der Kameramann Jan de Bont mit mehr als 220 Stichen am Kopf genäht werden, ein Löwe hatte ihm die Kopfhaut weggerissen. Oder die Schauspielerin Melanie Griffith, die plastische Chirurgie benötigte, nachdem ein Löwe mit ihrem Kopf spielen wollte. Auf der neuerlichen Premiere des Films ist nur eine Person aus dem Cast anwesend, John Marshall, der Sohn des Regisseurs Noel Marshall. Viele, die damals in dem Film mitgespielt haben, wollen bis heute nicht über ihre Erfahrungen sprechen. Nur John versucht die Ereignisse des Drehs mit ein wenig Galgenhumor zu sehen. Er sagt: »Ich wurde schon zu Beginn ziemlich übel gebissen. Es war traumatisch, aber zwei Tage später war ich wieder am Set.«

Dabei fing alles ganz harmlos an. 1969 ist Noel Marshall mit seiner Frau Tippi Hedren unterwegs in Mosambik. Wobei: Eigentlich muss es heißen »Tippi Hedren ist mit ihrem Mann unterwegs«, denn Noel Marshall kennt damals niemand, Tippi Hedren hingegen die ganze Welt. Sie spielte in den Hitchcock-Filmen *Die Vögel* und *Marnie* die Hauptrolle, ist in den 60ern ein international gefeierter Filmstar. Im Jahr 1969 hat sie gerade ein Filmprojekt hinter sich gebracht und sucht im Gorongosa-Nationalpark nun ein wenig Erholung. Sie und ihr Mann Noel sind auf Safari und wollen die wilde Natur Südostafrikas erkunden. Eines Tages kommen sie an einem verlassenen Haus vorbei, das früher dem Wildhüter gehörte, jetzt aber komplett von einer wilden Löwenhorde übernommen ist. Auf der Veranda, auf dem Dach, in allen Zimmern, überall sind Löwen. Tippi und Noel sind begeistert – was für ein starkes und zugleich absurdes Bild bietet sich ihnen dort! Noel hat eine folgenschwere Idee: Was ist, wenn wir einen Film drehen, in dem genau das passiert? Ein Film, in dem ein Haus von einer wilden Horde Löwen erobert wird? Und vielleicht lebt in diesem Haus sogar eine Familie, die vor den Löwen weglaufen muss?

Fertig ist die Idee für den gefährlichsten Film aller Zeiten. Wenn Sie bisher immer dachten, dass man in Hollywood doch bestimmt eine ausgefeiltere Idee haben muss, um einen Film produzieren zu können, müssen wir Sie leider enttäuschen. *Roar* reiht sich ein in die Reihe von sogenannten »High Concept«-Movies – Filme, deren Idee so einfach zu erklären ist, dass sie leicht auf ein Filmplakat passt. Da wäre zum Beispiel *Jurassic Park*: »Wissenschaftler nutzen DNA, um Dinosaurier in einem modernen Freizeitpark wieder zum Leben zu erwecken, mit katastrophalen Ergebnissen.« Oder *Speed*: »Ein Bus ist mit einer Bombe ausgestattet, die explodiert, wenn der Bus langsamer als 50 Meilen pro Stunde fährt.« Oder das Beispiel, das Noel Marshall eher vorgeschwebt hat, *Die Vögel*: Was wäre, wenn in einer friedlichen Küstenstadt plötzlich alle Vögel durchdrehen und die Bevölkerung attackieren? Auf dem Plakat ist ganz groß Noels Ehefrau Tippi Hedren abgebildet, die gerade von Krähen, Tauben und Möwen angegriffen wird. Noel will die Vögel jetzt durch Löwen ersetzen und hofft, einen ebenso großen Erfolg zu landen wie Alfred Hitchcock. Problem nur: Im Jahr 1969 hat Noel noch keinen einzigen Film produziert. Er ist bislang nur als Ehemann von Hedren aufgefallen. Und als Hollywoodagent. Also kommt die Idee für den Löwenfilm erst einmal in die Schublade.

Dann aber ein echter Glücksfall: Das Buch seines Klienten William Peter Blatty geht vollkommen durch die Decke: *Der Exorzist*. Allein in den USA wird es sich mehr als 13 Millionen Mal verkaufen und soll natürlich auch verfilmt werden. Noel ist smart und schafft es, Produktionsleiter zu werden. Hier sammelt er nicht nur Erfahrung, sondern ist auch am Erfolg des Films direkt beteiligt. Allein in den USA spielt *Der Exorzist* 193 Millionen US-Dollar ein (inflationsbereinigt wären das im Jahr 2025 1,3 Milliarden Dollar). Wie viel Geld Noel nun genau mit dem Exorzisten gemacht hat, ist unklar. Was wir aber wissen: Er wird *Roar* über große Strecken selbst finanzieren. Eine dumme Idee trifft nun also auf beinahe unbegrenzte Mittel, diese auch umzusetzen. Das große Brüllen kann beginnen.

Erst mal muss aber ein Drehbuch her. Auch hier wird nicht lange gekünstelt – Noel schreibt grob einen Plot runter, der die Grundidee »Von Familie bewohntes Haus wird von Löwen überrannt« plausibel erscheinen lässt. Herr dieses Hauses ist ein Raubkatzenforscher namens Hank. Worin genau seine Forschung besteht, ist dem Film und Noel Marshall völlig egal. Aufgrund eines dummen Zufalls ist Forscher Hank gerade nicht anwesend, als seine Familie, die von ihm getrennt lebt, zu einem Besuch vorbeikommt. So sind seine Frau und drei Kinder völlig auf sich allein gestellt, als die zu erforschenden Tiere sie durchs Haus jagen. Zack, fertig: Hollywooddrehbuch. Auch einen Titel hat Noel Marshall schon: *Lions, Lions and More Lions!* Hätte man auch drauf kommen können. Mit diesem Drehbuch geht er dann auf Investorensuche und findet tatsächlich – neben sich selbst – weitere Geldgeber in Großbritannien und Japan.

Aber ein großes Problem hat er noch nicht gelöst: Wie dreht man einen Film mit 150 Raubkatzen? Wie geht das überhaupt logistisch? Wer in der Pandemie die Netflix-Dokuserie *Tiger King* gesehen hat, der weiß, dass man wilden Raubkatzen zwar schon etwas beibringen kann – sie bleiben aber immer wilde Tiere. Es ist nie ungefährlich, mit ihnen zu arbeiten, egal wie gut das Training ist. Noel und Tippi wenden sich an die besten Tiertrainer Hollywoods. Die machen der Prämisse von *Roar* direkt einen Strich durch die Rechnung. Die Idee, eine Horde von Großkatzen an ein Filmset zu lassen, sei »hirnverbrannt« und »völlig verrückt«. Man bräuchte mindestens zwei erfahrene Trainer für jedes Tier. Das ist nicht nur finanziell vollkommen unmöglich. Dazu kommt, dass die Tiertrainer in Hollywood, die auf große Raubkatzen spezialisiert sind, sich gegenseitig nicht ausstehen können. Die Welt der Großkatzenenthusiasten ist eine kleine, und man will einfach nicht Monate zusammen an einem Filmset verbringen. Aber Noel bekommt einen Tipp: Wie wäre es denn, wenn er sich einfach selbst Löwen anschafft und diese trainiert? Eine fantastische Idee, denkt Noel, und beginnt, kleine Löwenkätzchen zu kaufen. Die hält er nicht in einem Käfig oder Gehege, sondern einfach bei sich zu Hause. Und aus »ein paar Löwenbabys« werden über die Zeit immer mehr Großkatzen. Tippi und Noel retten auch ausgewachsene Löwen und bauen auf ihrem Privatanwesen in Sherman Oaks ein Löwenreservat.

Es existieren heute noch skurrile Fotos aus dem Familienleben der Marshalls. Die Familie ist zu fünft: Noel bringt seine beiden Söhne John und Jerry mit in die Ehe, Tippi ihre Tochter Melanie. Auf Fotos sieht man die Familie am Pool mit riesigen Löwen herumtollen. Oder einen ausgewachsenen Löwen, der mit Melanie im Kinderbett schläft. Oder einen riesigen, geschätzt 250 Kilo schweren Löwen, der auf dem Schreibtisch Noels liegt – dieser sitzt an der Schreibmaschine davor. Und weil die Katzen recht viel Platz brauchen, werden weitere Häuser angeschafft. Ende der 70er-Jahre besitzt das Hollywoodpaar vier Häuser, die komplett von Löwen vereinnahmt wurden. Über das Leben mit den Raubkatzen schreibt Tippi in ihrer Autobiografie: »Die Zähne der Löwenbabys sind wie Petrischalen für Bakterien. Und gebissen zu werden, ist unvermeidlich.« Für Tippi Hedren ist das nicht die erste traumatische Erfahrung im Zusammenhang mit Tieren. In einer der wichtigsten Szenen von *Die Vögel* hat Alfred Hitchcock echte Vögel auf die Schauspielerin losgelassen. Genauer gesagt eine Schar von Tauben, Staren und Raben. Fünf lange Drehtage ging diese Tortur. Jahre später also Löwen: Noels Sohn John beschreibt die Situation im Haus der Marshalls später so: »Wenn man merkt: Die bringen mich nicht um, entwickelt man Vertrauen. Und das ist gefährlich.«

Noel wird also aus der Not selbst zum Löwentrainer und baut ein enges Verhältnis zu den Tieren auf. Irgendwann glaubt er, dass er den Dreh mit den wilden Tieren schon schaffen kann. Nur kann er diese Vision nicht so wirklich anderen vermitteln und bemüht sich vergebens um eine männliche Hauptrolle für seinen Film. Die weibliche Hauptrolle soll natürlich Tippi spielen, aber für den Tierforscher Hank muss noch eine Besetzung her. Hedren träumt davon, dass sie an der Seite von Jack Nicholson durch das löwenbesetzte Haus jagt. Aber der sagt ab. Gute Entscheidung. Das Produktionsteam findet keinen Schauspieler, der sich solchen Gefahren aussetzen will. Was tun? Die ganze Sache abblasen? Sich eingestehen, dass ein Film, in dem es hauptsächlich darum geht, von echten Löwen verfolgt zu werden, vielleicht doch keine gute Idee ist?

Natürlich nicht. Noel Marshall beschließt, die Hauptrolle einfach selbst zu spielen. Und weil sein Skript auch eine Familie erfordert, spannt er diese auch gleich mit ein. Jeder der Marshalls wird vor der Kamera stehen. Drehort wird das private Anwesen sein. Nach Erscheinen heißt es von *Roar* deshalb treffend, es sei der »teuerste Familienfilm, der jemals gedreht wurde«. 1976, einige fruchtbare Jahre der Löwenanschafferei später, hat Noel endlich alle Tiere beisammen: 132 Großkatzen tummeln sich im weitläufigen Garten der Marshalls in Sherman Oaks. Dazu gesellen sich ein Elefant, drei Aoudad-Schafe, Strauße, Flamingos, Marabus, Störche und schwarze Schwäne. Um das von Noel erträumte Wildhüteranwesen in der afrikanischen Savanne zu kreieren, hat er nicht nur ein Haus bauen lassen, sondern auch einen kleinen See aufgestaut. Hier können sich die Großkatzen nach Belieben zum Planschen verabreden.

Ein halbes Jahr soll der Dreh dauern. Am Ende werden es drei Jahre und fünf Monate.

Wieso der Dreh so lange dauert, sieht man, wenn man sich den fertigen Film anschaut. Das heutige Kinopublikum ist ja inzwischen gewöhnt, dass eigentlich jedes noch so echt aussehende Bild auch computergeneriert sein könnte. Im Oscar-prämierten Film *Life of Pi* aus dem Jahr 2012 zum Beispiel finden sich zwei Schiffbrüchige auf einem Boot wieder: ein Mann und ein ausgewachsener Tiger. Nur musste Hauptdarsteller Suraj Sharma dafür nicht mit einem echten Tiger drehen – er war verständlicherweise mutterseelenallein auf dem Boot. In *Roar* ist das anders.

Jede:r Schauspieler:in, der oder die nicht Noel Marshall heißt, hat deutlich erkennbar einen panischen Blick in den Augen. Denn während alle nur versuchen, ihre Szene zu spielen und ihren Text zu sagen, sind sie lediglich wenige Meter von echten Löwen entfernt. Und die sind und bleiben eben unberechenbar. In einer der ersten Szenen des Films landet ein Erkundungstrupp mit dem Boot am Seehaus von Löwenforscher Hank an. Ein Tiger ist von dem Boot so begeistert, dass er die Neuankömmlinge persönlich begrüßen möchte: Er springt in das Boot, das daraufhin sofort untergeht. Die Schauspieler:innen paddeln um ihr Leben, blankes Entsetzen in ihren Gesichtern. Aber die Kameras halten munter drauf. Vielleicht wäre Noel ihnen ja zur Seite gesprungen, aber dessen Figur hält sich gerade im Innern des Hauses auf – er sucht einen Verband für eine Verletzung, die er sich bei einem anderen Rettungsversuch zugezogen hat.

So geht das die ganze Zeit. An echte Schauspielerei ist hier nicht zu denken. Vielmehr erinnert *Roar* an *Die versteckte Kamera* oder *Jackass*. Die schnellen Schnitte lassen erahnen, dass trotz der langen Drehzeit doch nicht genug Material für einen normalen Spielfilm da gewesen ist.

Natürlich sorgen solche tiergemachten Komplikationen für einen langen Dreh. 40 Tage braucht Noel allein für eine kurze Szene, in der zwei Löwen mit ihm Auto fahren sollen: Er sitzt vorn in einem Cabrio, die beiden Tiere hinten auf der Rückbank. Nur dass die leider nie wissen, was zu tun ist und stattdessen rausspringen oder mit Noel auf dem Vordersitz spielen wollen.

Und weil die Tiere so schlecht trainierbar sind, will Noel »halb-dokumentarisch« drehen. Halb-dokumentarisch bedeutet in diesem Kontext, dass er die natürlichen Eigensinnigkeiten seiner Tiere in den Film einbaut. Zum Beispiel lieben es seine Löwen, Motorrädern hinterherzujagen. Also setzt sich Noel auf ein Motorrad und spielt so lange Fangen mit ihnen, bis absolut spektakuläre Bilder entstehen. Und leider müssen wir sagen: Die Bilder sind wirklich spektakulär. In *Roar* sehen wir, wie Löwen durch Wände brechen, ein ganzes Haus demolieren, nur wenige Zentimeter davon entfernt sind, arme Schauspieler:innen zu verstümmeln. Oder wie es Noels Sohn John später auf den Punkt bringen wird: »Mein Vater war komplett verrückt.«

»Es ist erstaunlich, dass niemand gestorben ist«, sagt Tippi Hedren über den Film. Sie trägt nicht nur seelische Wunden davon, sondern bricht sich auch das Bein, als ein Elefant sie von seinem Rücken abwirft. John erinnert sich in einem Interview mit dem *Daily Beast* so: »Nicht, dass wir dachten, Dad wolle uns ernsthaft umbringen, aber es schien wirklich so, als wäre er aus irgendeinem Grund hinter uns her. Er dachte wahrscheinlich, wir würden dabei schon nicht sterben, und es wäre eine gute Aufnahme für den Film.« Für den Cast gibt es ein Safe Word. Wenn sie das äußern, soll der Dreh sofort abgebrochen werden. Es lautet – ziemlich unsinnig – »Noel«, aber der tut in der Regel so, als hätte er nichts gehört, und macht weiter. Dieses Ignorieren führt zu einer der absurdesten Szenen des Films. Darin wird Melanie Griffith aus heiterem Himmel von einem Löwen angefallen, der sich auf sie legt und die Zähne um ihren Kopf schließt. Tippi Hedren sieht, was mit ihrer Tochter passiert, und versucht verzweifelt, den Löwen von Melanie zu bekommen. Melanie weint, ruft »No«, bevor wieder auf Tippi umgeschnitten wird. John sagt: »Melanie liegt also da unten, und sie schreit ›No, No, NOEL!‹«, aber der hat keinen Finger gerührt. Melanie Griffith spricht bis heute nicht über *Roar*.

Kameramann Jan de Bont wird während des Drehs die Kopfhaut abgerissen. Angeblich aber nur, weil er wiederum keinen

Sicherheitshelm tragen und stattdessen ganz nah die Tiere filmen wollte. Die meisten Angriffe erleidet aber Noel selbst – viele davon sind auch im Film zu sehen. Er stürzt sich immer wieder selbst in die Gefahr, versucht, Schlimmeres abzuwenden. Seine Wunden sind so zahlreich, dass sie kaum verheilen und ein Wundbrand entsteht. »Mein Mann war so oft im Krankenhaus, dass ich dachte, sie würden einen eigenen Trakt nach ihm benennen.« Insgesamt erleiden 70 Menschen Verletzungen während des Drehs. Tippi glaubt, es waren deutlich weniger – John meint, deutlich mehr.

Für Noel und Tippi ist die größte Katastrophe aber nicht, dass ihre Kinder fast von Löwen zerfleischt werden. Es ist die Länge des Drehs. Mitten in der Produktion bricht ein Staudamm auf ihrem Anwesen, der die komplette Ranch zerstört. Ein Schaden von drei Millionen Dollar entsteht, große Teile des bereits gefilmten Materials werden zerstört. Aber Noel denkt nicht ans Aufhören. Selbst als irgendwann die Investoren aussteigen, macht er weiter. Nach und nach verkauft er alle vier Häuser, Teile der Crew werden entlassen, die Sets eigenhändig wieder aufgebaut. Gegen Ende der Dreharbeiten kann er kaum das Futter für die mehr als 100 Tiere bezahlen. *Roar* wird 17 Millionen Dollar kosten, sieht aber stellenweise aus wie ein schlechter B-Movie auf Tele 5.

Doch es ist endlich Licht am Ende des Tunnels zu sehen: 1981 – nach elf Jahren Produktionszeit und fünf Jahre nach Drehstart! – ist der Film fertig. Endlich kann die Weltöffentlichkeit die Schönheit seiner Tiere bestaunen. Nur: Wegen eines Streits mit seinen Gläubigern kommt *Roar* nicht in den USA in die Kinos. Und auch im Ausland läuft es eher schleppend. Weltweit spielt der Film nur zwei Millionen Dollar ein, das meiste davon übrigens in Deutschland und Japan. Hier wird er nämlich als das absurde Horrorwerk vermarktet, das er auch ist – und nicht als Disney-ähnlicher Familienfilm mit lustigen Großkatzen.

Auch für Noels Familie geht mit der Veröffentlichung von *Roar* eine Ära zu Ende. Denn Tippi Hedren lässt sich kurz nach dem Kinostart von ihrem Mann scheiden. Die Streits, die die beiden gehabt hätten, wären in letzter Zeit immer mehr eskaliert. Noel sei öfter auch so aggressiv geworden, dass sie eine einstweilige Verfügung gegen ihn erwirkt: Er darf sich seiner Exfrau und ihrem neuen Haus auf nicht weniger als sechs Meter nähern. Zwei Löwenlängen Abstand.

Unter Filmfans wird *Roar* zur Urban Legend – erst recht, weil er nie in den USA in die Kinos kam. Vom späten Ruhm bekommt Noel aber nichts mehr mit. Er stirbt 2010 an einer Krebserkrankung. Tippi Hedren setzt sich heute noch für Großkatzen ein und leitet seit mehr als 40 Jahren die Shambala Preserve – ein Zuhause für Wildtiere in Kalifornien. Für John, der den Film 2015 neu in die Kinos bringt, geht damit auch ein Kapitel seines Lebens zu Ende. Die 70er-Jahre, die er und seine Familie mit einer Horde Löwen verbrachten, haben ihn stark geprägt: »Ich habe den Film nur selten jemandem gezeigt, und das war meistens, wenn ich eine neue Freundin hatte. Nach einem ersten Date sagte ich: ›Weißt du, du solltest dir diesen Film anschauen, um zu sehen, ob du einem zweiten Date zustimmst, weil ich bin ein bisschen ungewöhnlich.‹«

DER FLAT-EARTH-ASTRONAUT

Die Top fünf der unnötigsten Tode: Mike Hughes

Die Wissenschaftsgeschichte kennt einige mutige und waghalsige Selbstversuche. Zum Beispiel Werner Forßmann, der sich selbst im Jahr 1929 einen Katheter setzt – er will herausfinden, ob er durch die Armvene bis zum Herz kommt. Oder der australische Mediziner Barry Marshall, dem es in den 80er-Jahren darum geht, zu beweisen, dass das Bakterium *Helicobacter pylori* Magengeschwüre verursacht. Marshall entwickelt eine Gastritis und kommt ins Krankenhaus. Als diese erfolgreich mit Antibiotika behandelt werden kann, bestätigt das seine Theorie. Die Entdeckung bringt ihm 2005 den Nobelpreis für Physiologie oder Medizin ein.

Aber was ist, wenn man einen Selbstversuch unternehmen will, um etwas zu widerlegen, was schon längst geklärt ist? Etwas, über das schon Pythagoras im sechsten Jahrhundert vor Christus geschrieben hat? Etwas, das allerallerallerspätestens seit den ersten Satellitenfotos unserer Erde für alle sonnenklar sein sollte? Nämlich, dass die Erde eine Kugel ist.

Das versucht im Jahr 2020 der amerikanische Draufgänger und Raketenenthusiast Mike Hughes. Er will nichts weniger als eine Rakete bauen, sich damit in die Umlaufbahn schießen und mal mit eigenen Augen nachsehen, ob das, was die Kugelerde-Eliten seit Tausenden von Jahren behaupten, wirklich stimmt. Ein Selbstversuch mit tödlichen Konsequenzen.

Die Idee, dass die Erde keine Kugel, sondern eine Scheibe ist, ist erstaunlicherweise gar nicht so alt. Selbst im Mittelalter wussten die Menschen, dass sie auf einer Kugel durch den Weltraum düsen. Erste Zweifel an dieser Ansicht kamen im 19. Jahrhundert auf. Der englische Autor Samuel Rowbotham veröffentlicht 1849 ein 16-seitiges Manifest: »Zetetic Astronomy«, so nennt er seine neue Wissenschaftsströmung. Ähnlich wie es schon bei Martin Luther und der neuen Lust an der Bibelauslegung der Fall war (siehe das gleich folgende Kapitel zum Täuferreich von Münster) setzt Rowbotham auf radikale Selbsterfahrung. Für ihn gilt nur das Wissen als gesichert, das wir selbst erfahren. Auch der Mathematik, die ja seit Aristoteles' Zeit die Kreisbahnen von Himmelskörpern berechnet, sieht er argwöhnisch entgegen. »Wenn ich es nicht selbst gesehen habe, dann ist es nicht passiert«, lautet sein Motto. Außerdem ist er überzeugt, dass die Kugelform der Erde nicht mit der Bibel in Einklang zu bringen ist. Stattdessen stellt er sich unseren Planeten als riesige Scheibe vor, die an den Rändern von Eisbergen umschlossen ist.

Und weil er ein verdammt guter Showman ist, hängen die Menschen an Rowbothams Lippen. Er gründet die Zetetic Society, die wir heute unter einem anderen Namen kennen: Flat Earth Society. Seit mehr als 150 Jahren versucht diese Gesellschaft das Unmögliche: Sie will beweisen, dass die Erde eine Scheibe ist.

Dazu gibt sie heute keine dünnen Heftchen mehr raus, sondern setzt auf medienwirksame Videos. YouTube ist voll mit »Beweisen« der flachen Erde, von Menschen, die erzählen, die Erde könne gar nicht rund sein, weil da der Horizont immer flach ist und sich Wasser ebenfalls nicht krümmt. Und neben diesem – sagen wir mal, »theoretischen« – Bereich der Flat Earther gibt es auch die Praktiker. Menschen, die die Flachheit der

Erde mit eigenen Augen sehen wollen. Sei's, ob man dafür Expeditionen in die Arktis plant, oder eben versucht, sich mit Raketen selbst in die Stratosphäre zu schießen, um dort die fehlende Krümmung der Erde zu beobachten. Das Argument, dass ein Blick aus dem Fenster während eines Atlantikflugs reicht, lassen sie nicht gelten. Denn die Fenster im Flugzeug sind ja gewölbt!

So kommt es, dass Mike Hughes den ultimativen Beweis für die Flachheit der Erde antreten will. Am 22. Februar 2020, so sein Plan, wird er mit einer selbst gebauten Rakete so hoch fliegen wie nur irgend möglich. Einmal dort angekommen, hüpft er aus dem Geschoss, zückt seinen Fotoapparat, macht das einmalige Beweisfoto und segelt im Fallschirm sanft zu Boden. Sein Coming-out als Verschwörungstheoretiker hatte Mike Hughes übrigens im Jahr 2017. Zuvor war er eher als Daredevil – also waghalsiger Stuntfahrer – bekannt. Der 1956 geborene Hughes will sein ganzes Leben eigentlich nur eins: schnell sein. Als Kind verbringt er viel Zeit mit seinem Vater auf den Offroad-Pisten von Oklahoma, schon der war Hobbyrennfahrer. Später arbeitet Mike als Mitglied einer Boxencrew, wird das dauernde Rumgereise aber irgendwann leid. Im Jahr 2002 stellt er den Weltrekord im Limousinen-Weitsprung auf. 31 Meter weit ist »Mad Mike«, wie er auch genannt wird, mit seinem sechs Meter langen Auto gesprungen. Geld verdient er mit seiner Stuntmankarriere nicht wirklich – tagsüber arbeitet er als Chauffeur für seine reichen Kunden. Die fährt er – natürlich – in seiner Limousine herum.

In seiner Freizeit beginnt Mike aber, an Raketen rumzuschrauben. Zuerst nur, um mehr Geschwindigkeit für seine waghalsigen Rampensprünge zu generieren. Denn so eine Limousine ist sehr träge und nicht sehr schnell – wenn man der aber eine Rakete ranschnallen könnte, dann könnte man weiter springen. Mike ist zunehmend fasziniert von der Raketentechnik und beschließt, einen Höhenrekord aufzustellen. Die ersten Erfolge stellen sich ein, aber Mike merkt schnell, dass Raketenbau ein teures Hobby ist. Für einen seiner frühen Raketenversuche im Jahr 2016 kann er nur Spenden in Höhe von 310 Dollar sammeln. Das reicht vielleicht für ein Fahrrad mit einem drangeflanschten Silvesterböller – aber niemals für eine Rakete. Und so ändert Mike seine Taktik – er sucht Unterstützung von der Flat Earth Community, will ihnen beweisen, dass die Erde so flach ist wie ein Pfannkuchen. Und tatsächlich geht sein Plan auf – seine erste Spendenkampagne unter Flat-Earth-Flagge bringt ihm fast 8000 Dollar ein.

Es wird bis heute viel spekuliert, ob »Mad Mike« Hughes wirklich geglaubt hat, dass die Erde flach ist. Oder ob er sich nur der Bewegung angeschlossen hat, um weiter an seinen Raketen schrauben zu können. »Ich werde mich nicht auf das Wort anderer verlassen, nicht auf die NASA und schon gar nicht auf Elon Musk mit SpaceX. Ich werde hier meine eigene Rakete bauen und mit meinen eigenen Augen sehen, wie die Welt, auf der wir leben, aussieht«, sagt Mike zum Beispiel in einem Interview, nur um dann seine Aussage später zu revidieren: »Obwohl ich an eine flache Erde glaube, trete ich nicht den Versuch an, das zu beweisen.« Für seine Flat-Earth-Supporter ist das sowieso zweitrangig, sie geben ihm Geld, damit Mike ein Foto von der flachen Erde schießt. Außerdem freuen sie sich, dass ihnen der Stunt auch gute PR beschafft. Mike Hughes wird zur Gallionsfigur für eine der – sorry – dämlichsten Bewegungen der Menschheitsgeschichte. Eine Bewegung, für die er sein Leben lassen wird.

Erste Versuche sind vielversprechend. Im Jahr 2018 kann er schon eine Flughöhe von 572 Metern erreichen – heute, am 22. Februar 2020, will er mindestens 1,5 Kilometer schaffen. Das ist keine Höhe, bei der bahnbrechende wissenschaftliche

Entdeckungen gemacht werden, selbst ein Hubschrauber fliegt so hoch. Aber Mike hat noch ein Ass im Ärmel: Für den endgültigen Aufstieg will er aus der Rakete heraus Ballons starten, die ihn bis in die Stratosphäre bringen. Die hätte er zwar auch vom Boden starten können, aber das klingt ja nicht so cool wie »Ich bin mit einer selbst gebauten Rakete geflogen«. Entscheidend für Mike ist jedoch eins: der Fallschirm. Der ist so entscheidend, dass er sogar drei dabei hat. Zwei an der Rakete und einen an seinem Körper.

Beim Raketenstart sind sein Raketenbaukollege Waldo Stakes, ein paar Journalisten und ein Fernsehteam dabei. Auf einem verdorrten Acker in Barstow, Kalifornien, hat Mike einen Lkw abgestellt, der zu einer mobilen Abschussrampe umfunktioniert wurde. Eine Stahlkonstruktion ist auf dessen Rücken befestigt, an deren Ende eine kleine Rakete montiert ist. Es ist ein bisschen wie an Silvester, wenn man die Raketen nicht einfach so abschießt, sondern zur besseren Stabilität in eine Sektflasche stellt. Die Rakete selbst wird mit Dampf angetrieben, was nicht nur Kostengründe hat, sondern das Gefährt auch »sicherer« macht. Je weniger entflamm- und explodierbares Material, desto besser. Kurz vor Start signalisiert Mike seinen Helfern, dass es losgehen kann. Da setzt sich die Rakete auch schon mit einem Ruck in Bewegung.

Doch bereits kurz nach dem Start merken selbst die Laien im Publikum, dass etwas nicht stimmt. Einer der Fallschirme hat sich gelöst und wird vom mächtigen Dampfstrahl, der aus dem Heck der Rakete kommt, zerrissen. Mikes Rakete steigt danach nicht im gleichmäßigen Bogen nach oben, sondern zuckelt ein wenig nach links, dann nach rechts. Kurz darauf ist der Aufstieg auch schon vorbei – das Gefährt kracht ohne bremsende Fallschirme auf den Boden. Wieso sich diese nicht öffnen, ist nicht klar. »Wenn du da einsteigst, ist die Chance fifty-fifty, dass du nicht mehr aussteigst«, meint Raketenkollege Waldo Stakes später in einem Interview. Mike Hughes wurde 64 Jahre alt. Und obwohl er nicht beweisen konnte, dass die Erde flach ist, ein Lebensziel hat er erreicht: Er war verdammt schnell. Seine Rakete konnte bis auf 560 Stundenkilometer beschleunigen. Ein unnötiger – aber ziemlich passender – Abgang für einen Stuntman.

DAS TÄUFERREICH VON MÜNSTER

oder: Wie eine Sekte die Stadt Münster in die Hölle auf Erden verwandelt hat

Es ist Ostersonntag des Jahres 1534, und Franz von Waldecks Truppen langweilen sich. Dabei ist die Situation eigentlich ziemlich explosiv – seit mehreren Wochen haben radikale Protestanten, Täufer genannt, die Stadt Münster übernommen. Sie haben zuerst alle Katholiken und dann alle Protestanten, die sich ihnen nicht anschließen wollen, aus der Stadt geworfen, und bauen nun innerhalb der schwer bewachten Stadtmauern ein religiöses Terrorregime auf. Der alte Fürstbischof Franz von Waldeck musste fliehen und organisiert gerade den Gegenschlag. Mit mehreren 1000 Mann an Truppen steht er vor den Toren Münsters und versucht, alle Wege in die Stadt zu kontrollieren. Er will den Täuferaufstand durch eine handelsübliche Belagerung zerschlagen – der Hunger wird die Bürgerinnen und Bürger Münsters schon in ihre Schranken weisen. Dass das dauern kann, das wissen auch von Waldecks Soldaten und Söldner. Also stützen sie sich lustlos auf ihren Piken ab, säubern ihre Büchsen, polieren ihre Rüstungen, trinken und spielen Karten. Aus der Stadt dringen immer wieder Gerüchte, das letzte hat manche der Soldaten ein wenig verunsichert.

Denn für den Ostersonntag 1534 hat der Anführer der Täufer, ein Bäcker namens Jan Matthys, die Rückkehr Jesu angekündigt. Ausgerechnet in Münster, der Stadt, die heute für ausgedehnte Fahrradwege, die Brauerei Pinkus Müller und das Tatort-Duo Boerne und Thiel bekannt ist, soll der Sohn Gottes erscheinen. Matthys ist überzeugt: Münster ist das zweite Jerusalem. Während der ein oder andere Soldat daran denkt, wie es wohl wäre, wenn sich wirklich die Himmel öffnen und Jesus auf einer Wolke herabsteigt, passiert draußen am Stadttor etwas. Ein Raunen geht durch die Menge, wettergegerbte Soldaten kneifen die Augen zusammen, um vielleicht etwas erkennen zu können. Eine kleine Gruppe Männer reitet aus der Stadt. Das kann doch gar nicht sein. Einige Landsknechte richten sich mit einem schweren Alter-Mann-Seufzer auf und halten sich an ihrem Speer fest. Einer der Jüngeren kommentiert: »Das sind vielleicht ein Dutzend Mann ... Sie haben Lanzen und Schwerter.« Eine gespannte Stille liegt vor Münster: Die Soldaten Franz von Waldecks können nicht allzu nah an die Stadt vorrücken, sonst werden sie von den Kanonen, die die Täufer auf die Kirchtürme geschleppt haben, erwischt. Die Männer, die da gerade angeritten kommen, sind also allein auf weiter Flur. Ihnen gegenüber mehrere 1000 verwirrte Soldaten. Manch einer von ihnen denkt vielleicht, dass gerade die Prophezeiung von Jan Matthys wahr wird. Jesus Christus ist tatsächlich in Münster wiederauferstanden und hat seine zwölf Apostel mitgebracht. Nun erwartet die Soldaten Franz von Waldecks das Jüngste Gericht. Auch zum Fürstbischof hat sich herumgesprochen, dass hier ein kleiner Trupp unterwegs ist. Der tritt aus seinem Zelt, runzelt die Stirn und schaut sich die Männer genauer an. »Das ist Matthys! Jan Matthys!« Der Anführer der Täufer höchstpersönlich reitet gerade auf eine Übermacht an Soldaten zu. Zwölf vollkommen von ihrer Mission überzeugte Reiter bewegen sich auf knapp 8000 Schwerter und Spieße, Hellebarden und Reiterhämmer, Bögen und Arkebusen zu. Was die Männer des Fürstbischofs jedoch nicht wissen: Jan Matthys, Prophet der Täufer, hat einen biblischen Sieg vorhergesagt. Gott persönlich habe ihm aufgetragen, mit einer Handvoll getreuer Diener auszureiten. David gegen Goliath, Erzengel Michael gegen Satan, Jan Matthys gegen Franz von Waldeck. Matthys gibt seinem Pferd nun die Sporen. Er kommt der Übermacht immer näher, klammert sich fest um den Speer in seiner Hand.

Am Abend werden die Soldaten Franz von Waldecks Jan Matthys' Hoden an die Tore Münsters nageln. Gott war nicht auf der Seite der zwölf Männer – Jan Matthys wurde, man kann es nicht anders ausdrücken, komplett zerfleischt. Die Armee winkt den Täufern mit den Gliedmaßen ihres Führers zu, nach dem mühelosen Sieg gegen diese Narren wird erst mal der Branntwein aufgemacht. Franz von Waldeck ist überzeugt: Das ist das Ende der Rebellion, dieser feindlichen Übernahme Münsters. Aber er irrt, es ist erst deren Anfang. Im nächsten Jahr wird sich ein anderer Prophet – der zufälligerweise auch Jan heißt – zum Anführer der Täufer aufschwingen. Und er wird in der kleinen Stadt ein polygames protokommunistisches Sozialexperiment durchführen, bei dem es nur einen Gewinner gibt: den Anführer selbst.

Wenn wir verstehen wollen, wie zwei Typen namens Jan – Jan Matthys und Jan van Leiden – eine ganze Stadt übernehmen konnten, müssen wir ein paar Jahre zurückgehen. Im Jahr 1517 schlägt Martin Luther seine 95 Thesen an die Tür der Schlosskirche Wittenberg und läutet damit die Reformation ein. Die wirkliche Revolution folgt 1522, als Luther seine Bibelübersetzung veröffentlicht. Buchdruck mit beweglichen Lettern gibt es zu dieser Zeit noch nicht einmal 100 Jahre, aber seine Bibel verbreitet sich in Windeseile. Zum ersten Mal können normale

Bürgerinnen und Bürger die Bibel lesen, war sie doch bis dahin nur auf Latein zu erhalten, einer Sprache, die ausschließlich gebildete Priester sprachen. Luther will aber, dass jeder und jede das Wort Gottes studieren, verstehen und interpretieren kann. Für sich selbst und das eigene Seelenheil verantwortlich zu sein, das war in der damaligen Zeit etwas völlig Neues. Dieser revolutionäre Akt hat zur Folge, dass überall in Europa neue Strömungen des Protestantismus entstehen. Prediger, die die frohe Kunde mal so und mal so auslegen, ziehen durchs Land und gewinnen Gefolgschaften. Einer von ihnen ist Jan Matthys. Ein großer schwarzhaariger Mann Anfang 30, mit breitem Kreuz und langem schwarzem Bart. Wir müssen uns ihn als charismatischen Typen vorstellen, gegen Ende 1533 ist er alleiniger Prophet der niederländischen Täuferbewegung. Seine Führung ist auch bitter nötig, denn die Täufer sind am Boden zerstört. Für 1533 hatte ihr vorheriger Prophet, ein Prediger namens Melchior Hoffmann, den Weltuntergang versprochen. Jobs wurden gekündigt, Frauen verlassen, Schulden nicht gezahlt. Und jetzt? Jetzt geht noch nicht mal die Welt unter. Wie gut, dass Jan Matthys seinen Schäfchen bald schon einen neuen Termin verkünden kann: Ostern 1534. Nun braucht er nur noch einen Ort, an dem die Show steigt.

Das war übrigens, soweit wir die Quellenlage überblicken können, die erste Prophezeiung Matthys'. Zuvor war der gelernte Bäcker eher als Mann fürs Grobe bekannt und störte im Namen seines Propheten Melchior Hoffmann immer wieder katholische Predigten und Prozessionen. Für sein gotteslästerliches Verhalten – Matthys hatte sich darüber lustig gemacht, dass Gott wohl kaum in Form einer Hostie erscheint – wird ihm in den Niederlanden die Zunge durchbohrt, was ihn aber nicht von seinem Weg abbringt. Vielleicht hätte sich Matthys mehr Zeit erkaufen sollen; den Weltuntergang um lediglich ein halbes Jahr zu verschieben und erst noch eine Wirkstätte finden zu müssen, ist recht sportlich. Aber die Täufer haben ein weites Netzwerk, und Matthys kann auf fähige, radikalisierte Jünger zurückgreifen. Einer von ihnen ist der zweite Jan in dieser Geschichte. Knapp zehn Jahre jünger, Anfang 20, hat Jan van Leiden schon jede Menge Karrierefehlstarts hingelegt. Er ist: gescheiterter Schneider, gescheiterter Gastwirt, gescheiterter Meistersinger, gescheiterter Schauspieler. In einer Verfilmung würde er wahrscheinlich von Austin Butler oder Timothée Chalamet gespielt werden. Nirgendwo hält es ihn lange, auch seine erste Frau hat er verlassen. Wie so oft in der Menschheitsgeschichte sind Sekten – und Terrororganisationen, wie heute der IS – eine willkommene Anlaufstelle für Menschen, die es sonst wo eher schwer hatten. Jan von Leiden wird von den Täufern mit offenen Armen empfangen und bekommt von Matthys gleich einen Spezialauftrag: Bitte geh nach Münster und schau dir an, ob wir dort willkommen sind.

Tatsächlich tobt in Münster zu dieser Zeit schon ein Jahre anhaltender Konflikt, welche religiöse Strömung die Stadt regieren darf. Wird der Stadtrat katholisch oder evangelisch? Und wenn evangelisch, welcher Unterströmung sieht sich der Rat verpflichtet? Größter Zankapfel zwischen – sagen wir mal – handelsüblichen Protestanten und den Täufern ist die Frage, ob man Kindertaufen erlauben sollte. Die Täufer sind überzeugt, dass nur Glaubensbekenntnisse, die man als Erwachsener ablegt, rechtmäßig sind, und beginnen mit »Wiedertaufen«, bei denen sie erwachsene Menschen noch einmal in ihre Gemeinschaft aufnehmen. Angestachelt wird der Konflikt in Münster von Predigern wie Bernd Rothmann, der sich in den 20er- und 30er-Jahren des 16. Jahrhunderts radikalisiert hat und nun auf der Seite der Täufer steht. Zu Beginn des Jahres 1534, als Matthys den schönen Jan van Leiden nach Münster schickt, bieten sich den Täufern also perfekte Startbedingungen, um hier Wurzeln zu schlagen und die Macht zu übernehmen. Sie haben in einer Person wie Bernd Rothmann nicht nur einen wortgewaltigen Prediger auf ihrer Seite, nein, der Stadtrat ist sogar schon evangelisch. Und die Kirsche auf der Sahne für die Täufer: die Untätigkeit des Stadtrats. Denn zu dieser Zeit werden die Täufer schon an anderen Orten des Reichs verfolgt. Es ist den Herrschenden nicht entgangen, dass da in ihrer Mitte eine apokalyptische Sekte immer mehr an Macht gewinnt. Ende 1533 sollen innerhalb von nur einer Woche 1400 Menschen von Täufern wiedergetauft worden sein – die Sekte verbreitet sich schneller als das Coronavirus. Aber der Stadtrat von Münster will erst einmal abwarten und toleriert die Täufer. Das lassen die Täufer sich nicht zweimal sagen. Während Jan van Leiden und andere bis dato eher im Verborgenen gearbeitet haben, schalten sie jetzt einen Gang nach oben. Van Leiden schreibt einen Brief an Matthys: Ihr solltet alle nach Münster kommen.

Der gescheiterte Schauspieler van Leiden, der sich in den letzten Wochen eher versteckt hielt und die Lage sondiert hat, will jetzt natürlich seinen großen Auftritt. Am Morgen des 8. Februar 1534 treten er und ein weiterer Täufer, der angesehene Schneidermeister Bernd Knipperdolling, aus dessen Haus am Münsteraner Prinzipalmarkt. Sie wirken wie weggetreten, haben Schaum vor dem Mund und rufen: »Tuet Buße, tuet Buße, das Ende ist nah!« Eine Massenhysterie bricht aus, die bisher verdeckt lebenden Täufer werfen sich zu Boden, rufen »Buße, Buße, Buße«. Es dürfte dieser Moment sein, in dem der Fürstbischof von Münster, Franz von Waldeck, merkt: Shit. Wir haben hier ein echtes Problem.

Das Münster der frühen Neuzeit ist zwar einigermaßen unabhängig – eine Stadtgemeinde mit starken Handwerksgilden, selbstverwaltet durch den Stadtrat –, gehört aber immer noch zum Heiligen Römischen Reich. Die übrigen Herrscher sind empört über das Schauspiel in Münster und geben Fürstbischof Franz von Waldeck einen Auftrag: Bring deinen Kram hier in Ordnung. Also beginnt der, Truppen zu sammeln, bereitet aber noch keinen Angriff vor.

Innerhalb der Stadttore ist die Stimmung kurz vor dem Kipppunkt, immer mehr Menschen schließen sich den Täufern an. Dazu kommen immer mehr Täufer in Münster an, schließlich hat deren Prophet Jan Matthys seinen Schäfchen befohlen, ins neue Jerusalem an der Aa zu gehen. Auch er wird von begeisterten Täufern in Empfang genommen: Ganz in Schwarz gekleidet kommt Matthys in die Stadt, eine imposante Erscheinung. Seine Frau Divara trägt Weiß – auch sie eine absolute Augenweide. Innerhalb kürzester Zeit haben die Täufer es geschafft, ein echtes Machtzentrum aufzubauen. Als am 23. Februar die Wahlen zum Stadtrat stattfinden, gewinnen die Täufer haushoch. Der Augenzeuge Heinrich Gresbeck schreibt, dass die Täufer nach der Wahl sofort mit ethnischen Säuberungen beginnen: »So liefen sie durch die Stadt mit ihrer Wehr, mit Büchsen, Spießen und Hellebarden, und schlugen die Türen auf, und haben da einen jeden mit Gewalt aus der Stadt gejagt, der sich nicht wollte lassen taufen. Und dieselben mussten lassen stehen all das ihre, was sie hatten, Haus und Hof, Weib und Kind, und mussten so jämmerlich von dem ihrigen fortziehen.«

Es ist bitterkalt: Starkregen, Schnee, Wind – ein Tag, »an dem man nicht einmal einen Hund aus der Stadt gejagt« hätte. Aber die Täufer sind wie elektrisiert. Sie schmeißen nicht nur alle Nicht-Täufer aus der Stadt, sondern dringen auch mit Gewalt in den Dombezirk ein. Dort zerstören sie die Kirche, zerschlagen die Fenster, beschmieren Bücher mit Kot. Die Täufer gehen von Haus zu Haus und konfiszieren jedes Buch, das nicht die Bibel ist. Diese werden dann in großen Haufen verbrannt. Es darf nur noch ein Buch geben, das Wort Gottes. Die Geschichte spielt, wir erinnern uns, keine 100 Jahre nach der Erfindung des Buchdrucks – Bücher sind ein teures Gut, echte Familienerbstücke.

Aber die beiden Jans und ihre Gefolgschaft haben noch mehr vor. Sie wollen ein radikales Sozialexperiment wagen, einen gesellschaftlichen Neustart hinlegen. Münster soll nicht nur das neue Jerusalem, sondern auch eine utopische Vorzeigegemeinde werden, in der alle gleich sind. Das Archiv der Stadt wird verbrannt, alle Verträge, alle Schuldscheine werden ins Feuer geworfen. Eine neue Zeitrechnung soll beginnen, das Täuferreich will eine radikal egalitäre Gesellschaft. Niemand soll mehr reich sein und niemand mehr arm – ab jetzt wird sämtlicher Besitz geteilt. Wer da nicht mitmachen will, kann verschwinden – all sein Hab und Gut bleibt natürlich bei den Täufern.

Wer braucht schon Geld, wenn bald ohnehin Jesus Christus erscheint? Es sind nur noch ein paar Wochen bis Ostern, dann ist die irdische Ordnung eh dahin. Und wenn man da nicht mitmachen will? Wird man umgebracht. Denn nachdem der Fürstbischof immer besser darin wird, die Wege in die und aus der Stadt zu schließen, ist Verbannung bald keine Option mehr. Jan Matthys und seine rechte Hand Jan van Leiden exekutieren bereits im März den ersten Bürger – natürlich in göttlicher Mission. Weil die Henker die Stadt verlassen haben, müssen sie das selbst in die Hand nehmen und stellen sich äußerst ungeschickt dabei an. Ihr Opfer, der Schmied Hubert Rüscher, will trotz mehrerer Hiebe und Schüsse mit der Büchse einfach nicht sterben. Das Publikum sieht, wie inkompetent sich die beiden Jans anstellen – ist das etwa doch nicht Gottes Wille? Aber die beiden haben eine Gabe, die man auch von Politikern wie Trump kennt: Sie spüren genau, was ihr Publikum gerade braucht. Und immer wenn es für eine Sekunde so aussieht, als hätte Jan Matthys keinen Plan, was er hier eigentlich tut, hat er vor versammelter Mannschaft eine Eingebung von Gott. Die Anhänger sind aus dem Häuschen – so wird der Ball immer noch im letzten Moment von der Linie gekratzt.

Die Wochen ziehen in Münster ins Land. In Erwartung der Rückkehr Jesu bauen die Täufer einen Gottesstaat, nur blöd halt, wenn Gott dann nicht kommt. Es ist jetzt Ostersonntag, wir sind wieder am Anfang dieser Geschichte. Jan Matthys weiß, dass er der Menge etwas bieten muss. Jesus Christus ist nicht auf einer Wolke herabgestiegen, aber irgendwas muss passieren. Also trommelt er zwölf fähige Männer zusammen und reitet in Richtung des Fürstbischofs. Das Ende kennen wir: Alle Männer sterben, Matthys' Hoden werden voller Verachtung an die Tore Münsters genagelt.

Am nächsten Tag ist die Stimmung in Münster im Keller. Erst bricht Jesus Christus sein Versprechen und sagt seine Teilnahme fürs Osterfest ab, und dann wird auch noch der Prophet Matthys zu Osterbraten verarbeitet. Den Täufern ist damit der zweite Prophet innerhalb eines halben Jahres abhandengekommen, die direkte Leitung zu Gott schweigt. Manche Täufer überlegen laut, ob man sich jetzt nicht einfach ergeben sollte. War eine schöne Idee mit der neuen Gesellschaftsordnung, aber vielleicht muss man einfach wieder zurück ins alte Leben. Doch da werden sie am Abend zu einem Haus gerufen, im zweiten Stock brennt eine Kerze. Und ganz eines Exschauspielers würdig tritt Jan van Leiden ans Fenster. An seiner Seite: die Witwe Jan Matthys'. Van Leiden ruft mehr oder weniger in die Menge: »Leute, ich hab im Himmel nachgefragt … ist blöd gelaufen mit Jan Matthys. Aber Gott spricht jetzt zu mir, und er sagt, dass ich übernehmen soll.« Die Menge ist excited. Aller guten Dinge sind drei, dieser Prophet wird es jetzt richten, ganz bestimmt! Dann verschwindet er vom Fenster, kommt zurück und verkündet: »Ach ja, und er hätte gern, dass ich der Täuferkönig werde.

Ich, Jan van Leiden, soll alleiniger Herrscher über das Täuferreich werden, okay? Die alten Stadtgesetze gelten nicht mehr, ich mach jetzt alles. Tschüssi.« Wieder wendet er sich zum Gehen, dreht sich dann aber noch einmal um und schiebt hinterher: »Eine Sache noch – ganz vergessen –, Gott will außerdem, dass wir hier Polygamie einführen. Ein Mann soll so viele Frauen heiraten dürfen, wie er will. Ich fang an und heirate Jan Matthys' Witwe. Okay, ciao!«

Es ist ein bisschen so, als wäre ein 23-jähriger Sozialwissenschaftsstudent aus Berlin, der unter der Woche zu viel feiern geht und auf WG-Partys total schief »Wonderwall« singt, jetzt plötzlich King. Natürlich hat sich diese Proklamation nicht genau so zugetragen. Aber was stimmt: Innerhalb kürzester Zeit organisiert Jan van Leiden, dass er zum König gekrönt wird. Dazu besticht er einen alten Goldschmied, der der Menge verkündet, Gott habe ihm gesagt, Jan solle König werden. Und die Polygamie wird ebenfalls kurz nach der Machtübernahme des 23-Jährigen durchgesetzt. Ein historischer Augenzeuge ist überzeugt, dass van Leiden dies nur deshalb veranlasst hat, weil er sexsüchtig sei. Wie andere Sektenführer auch schläft er mit jeder, die sich ihm nicht widersetzen kann oder will. Die Einführung stößt selbstredend auf erheblichen Widerstand aus den Führungskreisen der Täufer, sind die doch bis dahin fromme Christen gewesen – warum sollten sie jetzt einen solch hemmungslosen Lebensstil gutheißen? Bernd Rothmann, der Chefideologe der Täufer, schmuggelt während der gesamten Täuferzeit Flugblätter aus der Stadt, mittels derer er versucht, die Täufer außerhalb Münsters zu überzeugen, dass das, was sie in der Stadt machen, eine gute und gerechte Sache ist. Bei der Polygynie – ein Mann darf mehrere Frauen heiraten, aber eine Frau nicht mehrere Männer – tut sich Rothmann jedoch schwer. Er strickt etwas zusammen, dass es ja auch im Alten Testament »Vielweiberei« gegeben hätte, König Salomon hatte auch 700 Frauen, also wie schlimm können dann zehn bis zwölf Frauen hier und da sein?

Ziemlich schlimm. Denn innerhalb der Mauern Münsters werden zu dieser Zeit auch Zwangshochzeiten eingeführt und 13-jährige Mädchen gegen ihren Willen an alte Männer jenseits der 60 verheiratet. Die Alternative ist der Tod. Bürgerinnen und Bürger, die aufbegehren – viele davon Eltern –, werden umgebracht. Und dazu kommt, dass sich diejenigen, die etwas gegen die Schreckensherrschaft Jan van Leidens tun wollen, auch wahnsinnig blöd anstellen. Bei einem Putschversuch gelingt es zum Beispiel, van Leiden kurzzeitig festzunehmen und in den Kerker zu sperren. Nur diskutieren die Putschisten danach viel zu lange, was sie jetzt eigentlich machen wollen. Szenen, wie man sie sonst vom Elternabend der Montessori-Schule kennt, spielen sich ab: »Also ich bin eigentlich gegen Gewalt« – zustimmendes Nicken aus der Menge –, »aber vielleicht sollten wir ihn töten?«, meint einer. Eine andere: »Nein, das ist viel zu drastisch – können wir keine gewaltfreie Alternative finden?« »Ich finde, eine neue Herrschaftsstruktur sollte sich ganz klar von alten Modellen abgrenzen und Grundrechte für Nutztiere mit einschließen. Münster muss vegan werden.« So ungefähr.

Während alldem schaffen es die Getreuen von Jan van Leiden, ihn aus dem Kerker zu holen. Hätten die Aufständler weniger diskutiert und sich zum Beispiel gleich beim Fürstbischof, der ja immer noch vor den Toren der Stadt wartet, ergeben – das Täuferreich wäre an diesem Punkt schon untergegangen. Aber das tun sie nicht. Sie alle landen vor dem obersten Richter Münsters, der ja immer noch Jan van Leiden ist, und werden von ihm natürlich zum Tode verurteilt.

Was sich zu dieser Zeit niemand ausmalen kann: Die Herrschaft der Täufer wird bis zum Sommer 1535 anhalten, knapp anderthalb Jahre. Dass das so lange dauert, hat mehrere Gründe. Zum einen ist es der religiöse Furor der Täuferinnen und Täufer, der sie tatsächlich lange an ein Himmelreich auf Erden glauben lässt. Und zum anderen die – man kann es nicht anders sagen – Blödheit der Gegenseite. Zum Beispiel plant Fürstbischof Franz von Waldeck im Mai 1534 einen Großangriff auf die Stadt. Die Pläne sind gemacht, die Truppen vor der Stadt postiert, zum Sonnenaufgang am 26. Mai soll es losgehen. Doch Franz von Waldeck hat ein paar Probleme: Zum einen musste er Truppen aus dem gesamten Reich rankarren – es gibt einen Haufen Verständigungsprobleme. Dazu kommt, dass den Söldnern und Soldaten oft langweilig ist. Der 26. Mai ist der Dienstag nach Pfingsten, und über die Feiertage machen die Truppen das, was man eben macht, um Gott zu ehren: hemmungslos saufen. Besonders ein Regiment trinkt an Pfingstmontag so viel, dass es zu einem folgenreichen Fehler kommt. Denn sie denken am Abend des Pfingstmontags, als die Sonne gerade untergeht, dass das doch bestimmt schon die *aufgehende* Sonne des nächsten Tages ist. Sie sind total nervös, den Beginn der Schlacht zu verpassen, setzen sich im Vollsuff ihre Helme auf, nehmen ihre Schwerter und reiten in Richtung Münster. Andere, weniger vollverstrahlte Regimente sehen das und greifen ebenfalls zu den Waffen. Es beginnt ein Angriff auf Münster, der so nicht geplant war, bei Dunkelheit. Alkmäßig gesehen jenseits von Gut und Böse. Die Wiedertäufer hingegen sind Abstinenzler und schlagen den unkoordinierten Angriff ohne Probleme nieder. Der Fürstbischof hat große Probleme, den Angriff wieder abzubrechen, 250 seiner Männer sterben. Von den Täufern sind es nur zehn.

Es bleibt dem Fürstbischof also nur noch Plan B: Er will die Stadt aushungern lassen. Und das dauert. Vor allen Dingen, weil immer wieder kleine Trupps von Täufern sich nachts aus der

Stadt schleichen und den betrunkenen Soldaten Vorräte und ihr Leben nehmen.

So vergeht mehr als ein Jahr. Ein Jahr, in dem Jan van Leiden vom Propheten immer mehr zum brutalen Gewaltherrscher wird. Sein neues Königreich braucht natürlich das, was andere Königreiche auch haben: Insignien. Und einen Hofstaat. Er macht an die 800 Täufer zu seinen direkten Untergebenen. 16 davon sind seine Frauen. Dieser enge Zirkel muss nicht hungern, sie lassen sich in den besten Tüchern kleiden. Denn – so Jan van Leiden – es wäre ja der Ordnung Gottes unangemessen, wenn er nicht Gottes Wunsch auch repräsentieren kann. Es ist eine Entwicklung, die wir 400 Jahre später noch einmal beobachten können: Auch der sowjetische Kommunismus beginnt mit einer radikalen Forderung nach Gleichheit. Und endet damit, dass ein paar Parteibonzen etwas gleicher sind als andere. Die Bevölkerung Münsters muss im Jahr 1534 hungern, die Zustände sind wirklich katastrophal. Zuerst werden die Ochsen geschlachtet, dann die Katzen, dann kleineres Getier. Menschen essen Schnürsenkel, um wenigstens irgendwas im Magen zu haben. Die Kalkfarbe der Kirchen wird abgekratzt, mit Wasser vermischt und als Milch serviert. Jan van Leiden weiß natürlich, dass die Situation untragbar ist. Also hat er praktischerweise wieder eine göttliche Eingebung: Zum Ostertag 1535 würde endlich Hilfe von außerhalb kommen. Van Leiden schmuggelt nämlich seit Wochen sogenannte Apostel aus der Stadt, die die Lehren der Täufer in anderen Städten des Reichs verbreiten sollen – und wenn dort erst mal genug Support da ist, sollen ganze Täuferheere Münster vom bösen Fürstbischof befreien. Nur sind die übrigen Herrscher im Reich so empört über die Sekte, dass sie jeden, der auch nur daran denkt, für die Sache der Täufer Stimmung zu machen, umbringen. Auch ein Brief von Jan van Leiden an Martin Luther bringt nichts. Der stellt klipp und klar fest, dass die Täufer seine Lehren ganz erheblich falsch verstanden haben. Im Winter 1634/35 sterben viele Münsteranerinnen und Münsteraner an Hunger. Aber der Tag der Erlösung kommt bald: Ostern 1635. Als ein Jahr nach dem Tod Jan Matthys' dann doch keine Befreiungstruppen vor den Toren stehen, klammert sich der Täuferkönig an jeden Strohhalm. Er predigt seinen Anhängern, dass die Befreiung der Stadt eher so spirituell gemeint war ... Ihre Seelen werden befreit, nicht ihre Körper. Die müssen leider weiter hungern.

Die Stimmung ist inzwischen so schlecht, dass immer mehr Menschen nachts aus der Stadt schleichen und sich Franz von Waldeck ergeben. Einer der Überläufer ist Heinrich Gresbeck, der später einen der wenigen Augenzeugenberichte veröffentlichen wird. Mithilfe der Überläufer gelingt es den Truppen des Fürstbischofs in der Nacht vom 24. auf den 25. Juni 1535, in die Stadt einzudringen. Natürlich schreibt Gresbeck, dass ohne sein Engagement das alles nicht möglich gewesen wäre. Er schwimmt durch einen Burggraben und zieht dann eine kleine Brücke hinter sich her, über die die Soldaten in die Stadt eindringen können. Im Anschluss töten sie alle Täufer, die sie finden können. Vor allen Dingen sind diejenigen, die das feine Tuch und Symbol des Täuferkönigs tragen, ein lohnendes Ziel. Frauen und Kinder bleiben verschont. 650 Täufer sterben an diesem Tag, und am Morgen des 25. Juni ist klar: Das Täuferreich ist Geschichte. Der Stadtrat wird wieder eingesetzt, den Täufern der Prozess gemacht. Natürlich bekundet eine große Zahl davon, dass sie lediglich vom Gewaltregime gezwungen wurde mitzumachen. Alle Täufer, die sich weiterhin zu ihrem Glauben bekennen, werden hingerichtet.

Aber was ist mit Jan van Leiden? Er und weitere Täuferführer werden festgenommen. Damit aus ihm kein Märtyrer wird, wird er über ein halbes Jahr lang in einem Käfig durch das Reich kutschiert. So kann er von der Öffentlichkeit befragt werden und allen kann klargemacht werden: Dieser Mann hat nicht Gott auf seiner Seite. Das alte Showpferd Jan van Leiden findet dieses Schicksal besser als den Tod und schlägt vor, dass man ja Eintritt nehmen könne. Vielleicht kommt er so der Todesstrafe davon? Nach sechs Monaten ist Schluss. Jan van Leiden und zwei anderen Täuferführer, Bernd Knipperdolling und Bernd Krechting, wird am 6. Januar 1536 der Prozess gemacht. Ihnen werden die Zungen herausgerissen, die Körper zerfetzt und erdolcht. Danach werden ihre Leichen in große Eisenkäfige gesteckt und diese am Turm der Lambertikirche aufgehängt. Die hängen dort bis heute. Vielleicht schauen Sie beim nächsten Münsterbesuch mal nach oben.

DIE ERFINDERIN DER MASSENTIERHALTUNG

oder: Wie aus 50 Hühnern 500 wurden

Ein Oktober in Bayerns Landeshauptstadt München. In den Straßen um die Theresienwiese herum blüht das Leben oder das, was davon übrig ist: Tausende Besucher:innen strömen zu Festzelten, bunte Rikschas rattern über die Fahrradwege, und der süße Duft von Maische und Kotze liegt in der Luft. Es ist Wiesn. Der wahrscheinlich größte Umschlagplatz für Bier – und Hähnchen.

Auf dem Oktoberfest wurden in den letzten Jahren rund 300 000 Hühner vertilgt. Das Grillhendl ist die beliebteste Speise der Gäste, gehört zur Wiesn wie das Bier, die Wilde Maus oder der Kotzhügel. Die Besucher:innen lieben es so sehr, dass sie sich sogar wackelnde Hühnerschenkel auf den Kopf setzen. Der Grillhendl-Hut mit elektrisch betriebenen Keulen ist das mit Abstand beliebteste Souvenir des Oktoberfests.

Vielleicht lehnen wir uns damit ziemlich weit aus dem Fenster, aber ich glaube: Das ist nur möglich, weil eine Bäuerin in den USA 1928 eine absurde Idee hatte. Und damit aus Versehen die Massentierhaltung begründete.

Im Jahr 1923 gibt es das Konzept der Massentierhaltung noch nicht. Bei Geflügel schon gleich gar nicht. Die meisten landwirtschaftlichen Betriebe in den USA halten in den 1920ern Hühner für den Eigenbedarf. Das sind dann kleine Gruppen, bestehend manchmal nur aus ein paar Tieren, maximal 200, die in erster Linie zum Eierlegen da sind. Meistens kümmern sich die Frauen der Höfe nebenbei um die Tiere, füttern sie mit Küchenabfällen und verdienen sich ein bisschen Taschengeld, wenn sie die Eier auf den lokalen Wochenmärkten verkaufen. Das Fleisch der Vögel ist in den 20ern und davor nur ein Nebenprodukt. Geschlachtet werden nur männliche Küken und Hühner, die zu alt sind, um genügend Eier zu legen. Es gibt auch keinen richtigen Markt für Hühnerfleisch, warum auch, wenn's nach Schuhsohle schmeckt. Ein Reisender, der in den 20ern durch die Region Delaware tingelt, wird in historischen Quellen so zitiert: »There is no dish so often turned away untasted.« Übersetzt ins Jahr 2025: 0/5 Sterne, nie wieder. Hühner sind oft nur Haut und Knochen, und insbesondere das Fleisch der alten Tiere ist zäh und geradezu ungenießbar. Niemand würde auf die Idee kommen, Hühner im großen Stil für die Schlachtung zu züchten. Diese Idee hat erst die Bäuerin Cecile Steele. Und begründet damit ganz nebenbei die Masthähnchenhaltung. Dabei beginnt alles mit einem Zufall.

Der Hof der Steeles liegt auf der Delmarva-Halbinsel im US-Bundesstaat Delaware, an der Ostküste der USA. Abgelegen, in den 20ern unbedeutend. Die meisten Landwirte hier versuchen, vom Obst- und Gemüsebau oder vom Fischfang zu leben. Oft aber eher schlecht als recht, in der Region herrscht Armut. Auch die Steeles sind sehr arm. Lange Zeit hat Ceciles Mann, David Wilmer Steele, keinen Job, die Familie schläft auf Säcken, die sie mit Stroh stopfen. Doch die Steeles haben Glück, irgendwann kriegt Wilmer einen Job bei der Küstenwache und hat zwar kein großes, aber immerhin ein sicheres Einkommen. Der Hof ist von da an, also in den frühen 20ern, Ceciles Business.

Und wir können davon ausgehen, dass sie die harte Arbeit auf der Farm beachtlich gemeistert hat. Cecile ist jung und fleißig, Typ »No Bullshit«. Man kann sich vorstellen, wie die kleine stämmige Frau mit ihren roten Haaren über den Bauernhof huscht, die Ställe ausmistet, Wäsche wäscht, die Böden wischt und einen schnippischen Kommentar für jeden übrighat, der ihr blöd kommt. Zum Beispiel, wenn ihr Mann versucht, sich bei der Pflege der Hühner einzumischen – No-Go! Hühnerhaltung ist Frauensache. Das ist so, war schon immer so, und es wird hier nichts daran rütteln ... ääh, dran gerüttelt.

1923 bestellt sie also, wie jedes Jahr, ein paar Küken beim Hühnerdealer ihres Vertrauens im nahe gelegenen Dagsboro. 50 Stück sollen es sein, wie immer wird sie die meisten zum Eierlegen halten, vereinzelt verkauft sie Junghühner – die haben zartes Fleisch und gelten als eher seltene Delikatesse – an den New Yorker Markt und verdient sich damit ein paar Dollar extra. Doch dieses Jahr ist alles anders. Was der Lieferant für sie im Laderaum hat, stellt Cecile Steele vor eine Herausforderung. Denn ihr Hühnerzüchter hat einen Fehler gemacht. Er liefert Cecile an diesem Tag nicht 50 Küken, sondern 500!

Von Retouren hält Cecile Steele aber wohl nichts. Anstatt die 450 überflüssigen Küken zurückzugeben, entscheidet sie sich, alle 500 Vögel zu behalten und ... na ja, einfach mal zu gucken. Erzählungen der Familie nach werden die Küken erst mal in einer alten Klaviertruhe gehalten, bis ein befreundeter Schreiner einen neuen, größeren Stall für sie baut. Nun haben die Tiere ein Zuhause und Cecile auch endlich einen Plan: Die Küken, die versehentlich geliefert wurden, will sie ein paar Monate großziehen und dann als Jungtiere auf dem Markt verkaufen. Also das, was sie ohnehin tut, nur in einer noch nie dagewesenen Dimension.

Nach ein paar Wochen auf dem Bauernhof der Steeles ist ein Großteil der Küken zu vitalen Hühnern herangewachsen. Und tatsächlich macht Cecile Steele einen super Deal: Sie verkauft 387 frische Broiler für gut 60 Cent pro Pfund an einen Händler vom Markt. Wie hoch ihr Gewinn ist, ist nicht dokumentiert, aber es scheint sich gelohnt zu haben. Denn im folgenden Jahr bestellt Cecile Steele ganze 1000 Küken bei ihrem Züchter. Noch mal zwei Jahre später sollen es schon rund 10 000 gewesen sein. Cecile hat ihr Gehege vergrößert und alles aufs Huhn gesetzt. Ihr Schlüssel zum Erfolg ist aber etwas anderes: das Futter.

Im späten 19. Jahrhundert wird der niederländische Arzt Christiaan Eijkman nach Indonesien geschickt, um dort ein unerklärliches Phänomen zu erforschen: Beriberi, eine Erkrankung, die sich bei den Betroffenen meist durch Nervenentzündungen, Herzprobleme, Wassereinlagerungen oder Atembeschwerden bemerkbar macht. Eijkman macht Versuche an Hühnern, und ihm fällt auf, dass meistens die Tiere betroffen sind, die mit weißem Reis gefüttert werden. Als er den kranken Hühnern Vollkornreis gibt, erholen sie sich. Eijkman führt Beriberi schließlich auf einen Nährstoffmangel zurück und legt damit den Grundstein für die Entdeckung der Vitamine. In den frühen 1920ern finden Forscher der Universität von Wisconsin heraus, dass Hühner ausreichend Vitamin D benötigen, um gesund zu bleiben. Ähnlich wie Kinder entwickeln auch sie ohne ausreichende Vitamin-D-Zufuhr Rachitis, auch bekannt als »Beinschwäche«, die Vögel erlahmen und können nicht mehr richtig gehen. Diese neue Information ist entscheidend für die Entwicklung der modernen Geflügelindustrie – und sie macht Cecile Steele reich.

Die Forschung geht an Steele nämlich nicht vorbei. Sie mischt Dorschlebertran unter das Hühnerfutter und kann ihre Tiere so mit ausreichend Vitamin D versorgen. Auf diese Weise schafft sie es, auch eine große Anzahl junger Tiere über den Winter zu bringen und in geschlossenen Ställen zu halten. 1928, drei

Jahre nach dem Missverständnis bei der Hühnerbestellung, haben die Steeles schon rund 25 000 Vögel auf ihrem Hof. Überall sind Hühner. Der Laden brummt – im doppelten Sinne. Wilmer Steele kann schon 1926 seinen Job bei der Küstenwache kündigen, weil das Vogelbusiness der Familie mehr als nur die Miete zahlt. Sie bauen sich ein schickes Haus, kaufen sich ein neues Auto und irgendwann sogar eine Yacht, die sie »The Lure« taufen.

Die Steeles sind reich. Sie sind die Pioniere der Masthähnchenzucht. Und sie haben Nachahmer. Viele Höfe in der Region springen auf den Hühnerzug auf, und so wird die Delmarva-Halbinsel in Delaware in den 20ern so was wie das Mekka der Geflügelfleischproduktion. Die guten Böden, das milde Klima und die hervorragende Anbindung an große Städte wie Washington, D.C., Philadelphia und New York City machen es möglich. Rund 500 weitere Betriebe in der Region setzen fortan auf Massentierhaltung. Das verändert alles. Hühnerfleisch wird nicht nur genießbarer, es können sich auch immer mehr Menschen leisten. »Ein Huhn für jeden Topf. Ein Auto für jede Garage« ist der Slogan von Herbert Hoover, der 1928 dank dieses Versprechens von Wohlstand die Präsidentschaftswahlen in den USA gewinnt.

Nach dem Zweiten Weltkrieg ist die Nachfrage nach Fleisch größer denn je, die Zeit der Rationierung ist vorbei. Gerade in Europa leiden viele Menschen Hunger, und die Landwirtschaft liegt brach. Auch deutsche Landwirte sehen in der Massentierhaltung eine Chance, die Versorgung schnell wieder aufzubauen und Fleisch, Milch und Eier erschwinglich für alle zu machen. Doch ein Problem gibt es noch: An den Tieren ist nicht besonders viel dran. Da muss doch mehr gehen?

Juni 1948. Nancy McGee sitzt auf ihrem weißen Thron auf einem prächtig dekorierten Paradewagen. Auch sie ist ganz in

Weiß gekleidet, auf dem Kopf trägt sie eine goldene Krone. Sie ist die strahlende »Chicken of tomorrow«-Queen und winkt den glücklichen Zuschauer:innen der Straßenparade zu. McGee, der weiße Wagen, die Festlichkeiten – das alles ist nur das Rahmenprogramm der diesjährigen »world series of the billion-dollar broiler industry«, der selbst ernannten Weltmeisterschaft der Hühnerzuchtbranche. Der Wettbewerb wird schon Mitte der 40er vom US-Landwirtschaftsministerium mit Unterstützung der Lebensmittelkette A&P ins Leben gerufen mit dem Ziel, die Zucht von richtig dicken, schmackhaften Hühnern zu fördern. Geflügelbauern aus ganz Amerika können bei diesen Wettbewerben ihre gekreuzten Hühnerrassen ins Rennen schicken, die dann nach 18 Kriterien bewertet werden – zum Beispiel nach Federentwicklung, Gewicht, Farbe des Fleischs oder der Körperstruktur. Das perfekte Huhn braucht eine breite Brust, große Keulen, pralle Schenkel und weißes Fleisch. Die Bosstransformation in der Broiler-Edition, sozusagen. Den Leuten gefällt's. Und so wird das »Huhn von morgen« massenhaft gezüchtet und immer und immer wieder optimiert.

Um 1950 herum erzählt man sich in der amerikanischen Landwirtschafts-Bubble davon, was Tolles in einem New Yorker Labor entdeckt wurde. Wissenschaftler haben da mit Antibiotika experimentiert und herausgefunden, dass Tiere schneller wachsen, wenn man ihnen Arzneimittel ins Futter mischt. Als sich die News herumsprechen, ist die Geflügelbauer-Szene wie erstarrt, geradezu unfähig zu fassen, *wie geil* diese Neuigkeit ist. Antibiotika scheinen die Lösung für all ihre Probleme zu sein: Nie wieder sollen Tiere sterben, weil sie sich gegenseitig in viel zu engen Ställen mit Krankheiten anstecken. Und dadurch, dass insbesondere Hühner durch die Zugabe der Medikamente noch schneller wachsen, sinken die Produktionskosten erheblich. Viel Fleisch, auch für den schlanken Geldbeutel. Die Folgen, die der Einsatz von Antibiotika in der Massentierhaltung hat, malt sich damals noch niemand aus. Erst ein gutes halbes Jahrhundert später ist der Einsatz von wachstumsfördernden Antibiotika zwar verboten, kranke Tiere werden aber weiterhin damit behandelt. Rückstände davon finden sich unter anderem im Fleisch oder im Grundwasser, und allein in Deutschland sterben laut RKI jährlich rund 10 000 Menschen wegen einer Antibiotika-Resistenz.

Von Cecile Steele bis heute ist viel passiert. Anfang des 20. Jahrhunderts war das Huhn auf dem Teller etwas Besonderes. Heute werden uns die Chicken Nuggets für ein paar Cent nachgeworfen. Während der Pro-Kopf-Verbrauch von Fleisch in Deutschland, Österreich und der Schweiz insgesamt in den letzten Jahrzehnten rückläufig war (die Leute essen weniger Schwein und Rind), hat der Konsum von Geflügelfleisch in allen drei Ländern zugenommen. Im Jahr 2023 haben die Deutschen im Schnitt 13,1 Kilo (in der Schweiz waren es 2022 14,99 Kilo und in Österreich im selben Jahr 13,0 Kilo) Geflügel pro Kopf gegessen. In den 1950ern waren es in der Bundesrepublik noch rund zwei Kilo. Ganz korrekt lassen sich die Zahlen nicht vergleichen, da sich die Erhebungsmethoden geändert haben, der Trend ist dennoch deutlich.

Die Massentierhaltung wird heute wahrscheinlich heißer diskutiert denn je. Es gibt immer klarere Vorstellungen über Ethik in der Tierhaltung und immer neue alternative Ernährungstrends, die uns zeigen, wie man auch ganz ohne Fleisch auskommen kann. Gleichzeitig ist die Fleischindustrie groß und mächtig, und für billiges Fleisch gibt es immer noch genügend Abnehmer:innen.

Cecile Steeles Idee war nicht dumm. Nur wurde sie besonders in der Zeit nach ihrem Tod grotesk pervertiert. Steele und ihr Mann Wilmer sterben, bevor die Massenproduktion in der Geflügelindustrie in ungeahnte Sphären abhebt. Im Oktober 1940 fahren sie auf ihrer Yacht raus aufs Meer bei Ocean View, um zu fischen. Beim Versuch, das Boot auf See wieder zu starten, explodiert die Yacht. Wilmer und Celia kommen bei dem Unfall ums Leben. Heute kann man im John West Park in Ocean View eine Nachbildung des ersten Hühnerstalls von Cecile Steele sehen. Auf dem Schild davor steht: »Ocean View, Delaware. Birthplace of the commercial broiler industry«.

DANKSAGUNG

Es gibt so viele Menschen, die uns auf dem Weg zum Podcast und zu diesem Buch unterstützt haben. Danke, Tristan »Stan« Lehmann, ohne dich wäre »Nice Try« genau das geblieben, ein netter Versuch. Danke, Elli Veh, dass du uns mit deinen redaktionellen Zauberkräften geholfen hast, mittelmäßige Skripte in Episoden zu verwandeln, an denen man sich auch nach Jahren nicht satthört. Danke an Michael Bartlewski, der uns über all die Jahre den Rücken freihält. Ganz großen Dank auch an Lina Kempenich, die nicht nur Storys für uns ausgräbt, sondern auch jede Woche unsere Ähms und Öhms anhören muss.

Danke, Niklas Gramann und Lisa-Sophie Scheurell, dass ihr die ersten Storys mit uns entwickelt und für die Recherchen sogar eure alten Lehrer ausgegraben habt. Danke außerdem an Gregor Schmalzried, Dennis Kogel und Maxi Pichlmeier für eure Mitarbeit an unseren Skripten. Danke an unser Redaktionsteam Şahika Tetik, Luna Laufer, Stefanie Buchholz, Simone Hundrieser und Joé Fleischhauer, ohne die wir nur zwei Dödel ohne Podcast wären. Danke an Robert Sladeczek, der unser Sounddesign auf ein neues Level gehoben hat.

Wir danken unseren Lektorinnen Doreen Fröhlich, Alina Rothmeier und dem Goldmann Verlag sowie Gila Keplin und der Agentur Marcel Hartges, dass ihr uns geholfen habt, den Traum vom Buch umzusetzen.

Außerdem danke an Paul Grabowski, der mit seinen Illustrationen dem Podcast einen ganz eigenen Style gegeben hat.

Christian dankt seiner Frau Sara, die sich auf langen Autofahrten immer mit DGD-Storys zutexten lässt. Anna dankt ihrem Mann Benjamin, ihrer Familie und den Macher:innen der Conni-Hörspiele dafür, dass sie durch ihre Unterstützung neben dem Daily Business noch ein Buch schreiben konnte.

QUELLENVERZEICHNIS

Der fliegende Gartenstuhl

»The Man in the Flying Lawn Chair: And Other Excursions and Observations«: www.newyorker.com/magazine/1998/06/01/the-man-in-the-flying-lawn-chair.

»Do-it-yourself-Flugpionier: Höhenflug im Gartensessel«: www.spiegel.de/geschichte/do-it-yourself-flugpionier-hoehenflug-im-gartensessel-a-947129.html.

»Flying Lawn Chair«: www.smithsonianmag.com/air-space-magazine/flying-lawn-chair-180972974/.

Stuhlkrise

Stephen Wilson (2000). *The Magical Universe: Everyday Ritual and Magic in Pre-Modern Europe*. London: Hambledon and London, S. 417.

»Quacks and Cures: Caricaturing the Medical Profession«: https://exhibits.hsl.virginia.edu/caricatures/en4-quacks/.

James Morrison (1836). *The pills that cure all ills:* https://archive.org/details/b21301414/page/n15/mode/2up.

Der Toronto-Fenstersturz

»Did a Man Die Demonstrating a Window's Strength?«: www.snopes.com/fact-check/window-strength-death/.

Frank Calleja (1993). »Lawyers fatal fall has firm in shock«. *The Ottawa Citizen*.

»The Bizarre Death of Garry Hoy, the Lawyer that Accidentally Threw Himself Out a Window«: www.curiousarchive.com/the-bizarre-death-of-garry-hoy/.

Die Fledermausbombe

Jack Couffer (1992). »Bat Bomb: World War II's Other Secret Weapon«. University of Texas Press.

Experteninterview mit Florian Gloza-Rausch vom Fledermauszentrum Noctalis Bad Segeberg (2020).

»Old, Weird Tech: The Bat Bombs of World War II«: www.theatlantic.com/technology/archive/2011/04/old-weird-tech-the-bat-bombs-of-world-war-ii/237267/.

»A batman to the rescue. A biopsychologist and bat expert worked to arm bats with miniature bombs in World War II«: www.apa.org/monitor/2011/04/batman.

Vergebliches Ständchen

Darryl W. Bullock (2016). *Florence! Foster!! Jenkins!!!: The Life of the World's Worst Opera Singer.* Overlook Press.

Florence Foster Jenkins: A World of Her Own. Dokumentarfilm. Regie: Donald Collup. 2007.

»Why Florence Foster Jenkins was the world's worst singer«: www.bbc.com/culture/article/20160504-why-florence-foster-jenkins-was-the-worlds-worst-singer.
»Black Pearls Before Swine«: www.theparisreview.org/blog/2016/09/22/black-pearls-swine/.
»Florence Foster Jenkins: The world's worst singer«: www.theguardian.com/music/2016/may/04/florence-foster-jenkins-film-worlds-worst-singer-by-tom-service.

Der radioaktive Pfadfinder

Ken Silverstein (2005). *The Radioactive Boy Scout: The Frightening True Story of a Whiz Kid and His Homemade Nuclear Reactor.* Random House.
»This fall, the ›Radioactive Boy Scout‹ died at age 39«: https://arstechnica.com/science/2016/11/this-fall-the-radioactive-boy-scout-died-at-age-39/.
Interview mit Ken Silverstein (2021). https://steadyhq.com/de/darwingefaelltdas/posts/4f2b93b2-ce81-4e17-8db3-7470c700a757.

Er ist unkillbar

Simon Read (2005). *On the House: The Bizarre Killing of Michael Malloy.* Berkley Books.
»Iron Mike Malloy: The Donegal man they tried nine times to kill«: https://web.archive.org/web/20161226143925/http://www.thejournal.ie/mike-malloy-donegal-bronx-murder-trust-prohibition-depression-alcohol-2410813-Dec2015/.

»Der Mann, der sieben Mal ermordet wurde«: www.spiegel.de/geschichte/michael-malloy-new-york-1933-der-mann-der-sieben-mal-ermordet-wurde-a-d8faf3ba-df32-4deb-8d82-c55d17be2606.

Vasa was?

»Schwedens größte maritime Fehlkonstruktion: Das Schiff Vasa«: www.ingenieur.de/technik/fachbereiche/verkehr/schiff-vasa-schwedens-groesste-maritime-fehlkonstruktion/.

Fred Hocker (2011). *VASA: A Swedish Warship*. Historiska Media.

»The Bizarre Story of the Vasa Ship Keeps Giving«: www.smithsonianmag.com/smart-news/bizarre-story-vasa-ship-keeps-giving-180964328/.

»Search for Vasa«: www.vasamuseet.se/en/explore/vasa-history/search-for-vasa.

Das Imperium der Geisterschwestern

»The Fox Sisters Property/Hydesville Memorial Park«: https://hauntedhistorytrail.com/explore/the-fox-sisters-property-hydesville-memorial-park.

»The Fox Sisters and the Rap on Spiritualism«: www.smithsonianmag.com/history/the-fox-sisters-and-the-rap-on-spiritualism-99663697/.

»United States Life Tables 2003. National Vital Statistics Reports«: www.cdc.gov/nchs/data/nvsr/nvsr54/nvsr54_14.pdf.

»New Estimate Raises Civil War Death Toll«: www.nytimes.com/2012/04/03/science/civil-war-toll-up-by-20-percent-in-new-estimate.html?_r=1&hpw.

»How a Hoax by Two Sisters Helped Spark the Spiritualism Craze«: www.history.com/news/ghost-hoax-spiritualism-fox-sisters.

Reuben Briggs Davenport (1888). *The Death-Blow to Spiritualism: Being the True Story of the Fox Sisters as Revealed by Authority of Margaret Fox Kane and Catherine Fox Jencken*. New York: G.W. Dillingham.

Prof. Charles G. Page (1902). *Psychomancy. Spirit-Rappings and Table-Tippings exposed*. New York: Appleton and Company. S. 37 ff.

Einstein in der Tupperdose

Michael Paterniti (2000). *Driving Mr. Albert: A Trip Across America with Einstein's Brain*. New York: Bantam Dell, A Dial Press Trade Paperback Book.

»Closer Look at Einstein's Brain«: www.science.org/content/article/closer-look-einsteins-brain#:~:text=One%20parameter%20that%20did%20not,of%20average%20for%20modern%20humans.

»Dr. Albert Einstein Dies in Sleep at 76«: www.nytimes.com/1955/04/19/archives/dr-albert-einstein-dies-in-sleep-at-76-world-mourns-loss-of-great.html.

»The Search for Einstein's Brain«: https://njmonthly.com/articles/historic-jersey/the-search-for-einsteins-brain/.

»Was geschah mit Einsteins Gehirn?«: www.spektrum.de/news/neurowissenschaft-einsteins-gehirn/1374737.

Coco-Nuts

Urbanisierung im Deutschen Reich: www.dhm.de/lemo/kapitel/kaiserreich/alltagsleben/urbanisierung-im-deutschen-reich.html.

August Engelhardt und August Bethmann. Herausgegeben von Dieter Kiepenkracher (2012). *Hoch der Äquator! Nieder mit den Polen! Eine sorgenfreie Zukunft im Imperium der Kokosnuss.* Books on Demand GmbH.

»Aussteiger, Nudist und Vegetarier: Der Herr der Kokosnüsse«: www.spiegel.de/geschichte/aussteiger-august-engelhardt-der-herr-der-kokosnuesse-a-1195030.html.

»Einsame Männer auf einsamen Inseln oder wie Kokosnüsse in Neulauenburg zum Tod führen konnten«: www.bismarck-stiftung.de/2012/05/07/einsame-maenner-auf-einsamen-inseln-oder-wie-kokosnuesse-neulauenburg-zum-tod-fuehren-konnten/.

»Deutsche Kolonialgeschichte – Endlich wird sie aufgearbeitet«: www.swr.de/swrkultur/wissen/deutsche-kolonialgeschichte-endlich-wird-sie-aufgearbeitet-swr2-wissen-aula-2021-05-09-100.html.

Der dümmste Glückspilz aller Zeiten

Timothy Dexter (1802). *A Pickle for the Knowing Ones*. Selbstverlag.

Samuel Knapp (1858). *The Life of Lord Timothy Dexter, with Sketches of the Eccentric Characters that Composed his Associates, Including His Own Writings, »Dexter's Pickle for the knowing ones«, &c., &c.* J. E. Tilton and Company.

Jay Robert Nash (1982). *Zanies: The World's Greatest Eccentrics.* M. Evans and Company, Inc.

The Strange Life Of »Lord« Timothy Dexter, The 18th-Century Millionaire Whose Success Defied Reason: https://allthatsinteresting.com/timothy-dexter.
John P. Marquand (1960). *Timothy Dexter Revisited.* Little, Brown and Company.

Mary Mallon aka Typhoid Mary

»Mary Mallon (1869–1938) and the history of typhoid fever«: www.ncbi.nlm.nih.gov/pmc/articles/PMC3959940/.
Janet Brooks (1996). »The Sad and Tragic Life of Typhoid Mary«: *Canadian Medical Association Journal* S. 915–916.
Anthony Bourdain (2001). *Typhoid Mary*. Bloomsbury Publishing.
»Typhoid Mary«: https://sites.lsa.umich.edu/rbender/syllabus/george-soper-on-mary-mallon/.
Judith Walzer Leavitt (1995). *Typhoid Mary: Captive to the Public's Health*. Boston: Beacon Press.

Eingesargt

»Magician Killed Attempting Coffin Escape Trick«: www.latimes.com/archives/la-xpm-1990-11-01-ca-5220-story.html
»Central Valley magician to be featured on Netflix show«: https://abc30.com/the-amazing-joe-joe-burrus-blackbeards-family-entertainment-center-halloween/4593517/.
»Joe Burrus 1990 Escape«: www.youtube.com/watch?v=LyqgWaXJLhA.

Die Witch of Wall Street

Mark Higgins (2022). »The Story of Hetty Green: America's First Value Investor and Financial Grandmaster«: Working Paper: Social Science Research Network.

»How the richest woman in the world—mocked as a ›miser‹ in the press—helped bail out New York City during the panic of 1907«: https://fortune.com/2024/03/17/how-richest-woman-world-saved-new-york-city-panic-1907.

Charles Slack (2004). *Hetty: The Genius and Madness of America's First Female Tycoon*. Ecco.

»Women in Wall Street«: https://timesmachine.nytimes.com/timesmachine/1909/12/12/106779808.html?pageNumber=50.

Das fliegende Schneiderlein

»Eiffelturm: 1912 stürzt ein Schneider mit einem Fallschirm in die Tiefe«: www.nzz.ch/feuilleton/eiffelturm-1912-stuerzt-ein-schneider-mit-einem-fallschirm-in-die-tiefe-ld.1748107.

»Der Todessprung des Fallschirm-Erfinders Franz Reichelt«: www.geo.de/wissen/weltgeschichte/der-todessprung-des-fallschirm-erfinders-franz-reichelt-34904006.html.

»Saut mortel depuis la tour Eiffel par Franz Reichelt«: www.youtube.com/watch?v=6gsnVntGoxM.

Stalins Menschenaffen

A. Etkind (2008). *Beyond eugenics: The forgotten scandal of hybridizing humans and apes. Studies in History and Philosophy of Biological and Biomedical Sciences*, 39(2), S. 205–210.

Hamilton, D. (1986). *The monkey gland affair.* London: Chatto and Windus.
Berliner, B. A. (2004). *Mephistopheles and monkeys: Rejuvenation, race, and sexuality in popular culture in interwar France. Journal of the History of Sexuality,* 13(3), S. 306–325.
»Ilja Iwanowitsch Iwanow: Der Wissenschaftler, der Menschen und Affen kreuzen wollte«: www.spiegel.de/geschichte/ilja-iwanowitsch-iwanow-wollte-menschen-und-affen-kreuzen-a-1234853.html.
»Der Forscher, der Affe und Mensch kreuzen wollte«: www.spektrum.de/news/der-forscher-der-affe-und-mensch-kreuzen-wollte/1648774.

Roar

»Noel Marshall's ›Roar‹: Humans Were Harmed in the Making of This Film«: www.newyorker.com/culture/the-front-row/noel-marshalls-roar-humans-were-harmed-in-the-making-of-this-film.
»Holy F*cking Sh*t' Discovery of ›Roar‹«: The Most Dangerous Movie Ever Made: www.indiewire.com/features/craft/holy-fcking-sht-discovery-of-roar-the-most-dangerous-movie-ever-made-60553.
»Surviving ›Roar‹«: The Most Dangerous Film Ever Made: www.stage32.com/blog/surviving-roar-the-most-dangerous-film-ever-made-620.
»Son of ›Roar‹ Director: ›He Was a F*ing Ahole‹ for Making Us Do the Movie«: https://nypost.com/2015/04/11/son-of-roar-director-he-was-a-f-ing-a-hole-for-making-us-do-the-movie.
»*Roar*: The Most Dangerous Movie Ever Made«: www.thedailybeast.com/roar-the-most-dangerous-movie-ever-made.

Der Flat-Earth-Astronaut

»›Mad Mike‹ stirbt in Kalifornien bei Flug mit selbst gebauter Rakete«: www.spiegel.de/wissenschaft/mensch/mad-mike-stirbt-in-kalifornien-bei-flug-mit-selbst-gebauter-rakete-a-a636f79c-ab22-4ffe-9a3a-22ac5aaa1b02.

»Mad Mike Hughes Dead After Crash-Landing Homemade Rocket«: www.washingtonpost.com/science/2020/02/23/mad-mike-hughes-dead.

»Flat-Earth Daredevil ›Mad Mike‹ Hughes Dies in Rocket Crash«: www.rollingstone.com/culture/culture-news/flat-earth-daredevil-mad-mike-hughes-dead-rocket-crash-956948.

»Flat Earth Conspiracy Theory: Mike Hughes«: www.rollingstone.com/culture/culture-features/flat-earth-conspiracy-theory-mike-hughes-book-excerpt-1299767.

»›I Don't Believe in Science‹, Says Flat-Earther Set to Launch Himself in Own Rocket«: www.npr.org/sections/thetwo-way/2017/11/22/565926690/i-dont-believe-in-science-says-flat-earther-set-to-launch-himself-in-own-rocket.

Das Täuferreich von Münster

Anthony Arthur (1999). *The Tailor King: The Rise and Fall of the Anabaptist Kingdom of Munster.* St. Martin's Press.

Hermann von Kerssenbrock (1568). *Die Raserei der Wiedertäufer, welche Münster, die berühmte Hauptstadt in Westphalen, zerstöret hat.* Auf Kosten des Übersetzers.

Heinrich Gresbeck (1853). *Meister Heinrich Gresbecks Bericht von der Wiedertaufe in Münster.* In: Carl Adolph Cornelius (Hrsg.), *Die Geschichtsquellen des Bisthums Münster.*

Zweiter Band: Berichte der Augenzeugen über das Münsterische Wiedertäuferreich. Münster: Aschendorffsche Buchhandlung.
»Die Wiedertäufer von Münster: Verbrecher oder Gottesmenschen?«: www.deutschlandfunkkultur.de/die-wiedertaeufer-von-muenster-verbrecher-gottesmaenner-100.html.
George Huntston Williams (1992). *The Radical Reformation. Sixteenth Century Essays and Studies.* Kirksville, MO: Truman State University Press.

Die Erfinderin der Massentierhaltung

»Antibiotikaresistenzen, eine schleichende Pandemie: Einweihung des WHO-Kooperationszentrums für Antibiotikaresistenz am RKI«: www.rki.de/DE/Content/Service/Presse/Pressemitteilungen/2022/06_2022.html#:~:text=Rund%201%2C3%20Millionen%20Todesf%C3%A4lle,es%20bis%20zu%209.700%20Todesf%C3%A4lle.
»Fleisch und Eier«: www.agrarbericht.ch/de/markt/tierische-produktion/fleisch-und-eier.
»Entwicklung des Pro-Kopf-Verbrauchs von Fleisch inkl. Geflügel in Österreich (in kg)«: https://media.hendriks.amainfo.at/662677bae11e60544d1a2520/Pro_Kopf_Verbrauch_Fleisch.pdf
»Pro-Kopf-Verbrauch tierischer Erzeugnisse 2022 gegenüber Vorjahr leicht gestiegen«: www.statistik.at/fileadmin/announcement/2023/08/20230831VersorgungsbilanzentierischeProdukte2022.pdf.
Emelyn Rude (2016). *Tastes like Chicken. A History of America's Favorite Bird.* New York: Pegasus Books Ltd.

»The Surprising Origin of Chicken as a Dietary Staple«: www.nationalgeographic.com/environment/article/poultry-food-production-agriculture-mckenna.
»Character of the Day: The Delaware Housewife Who Invented the Modern Chicken Industry«: www.secretsoftheeasternshore.com/character-cecile-steele/#:~:text=As%20a%20deeply%20religious%20young,deliveryman%20had%20500%20chicks%20instead.

Alle Links zuletzt aufgerufen am 04. August 2024.

WIE VERSPROCHEN: UNSERE LIEBLINGSSATZZEICHEN ZUM AUSSCHNEIDEN

;;;;«»»»»»»»»»»»»»»»».!..!... .!!....! .!!.!!.. .!!.!!..
.!!.!!!! ..!..... .!!.!!.. .!!.!..! .!!..!.! .!!...!. .!!..!.! ..!.....
.!..!!!. .!!..!.! .!!!..!. .!!..!.. .!!!..!! ..!.!!.. ..!..... .!!..!.!
.!!!..!! ..!..... .!!.!..! .!!!..!! .!!!.!.. ..!..... .!!!..!! .!!..!.!
.!!.!... .!!!..!. ..!..... .!!!..!! .!!...!! .!!.!... .!!.!!!. ..!.!!..
..!..... .!!..!.. .!!....! .!!!..!! .!!!..!! ..!..... .!!.!..! .!!.!...
.!!!..!. ..!..... .!!..!.! .!!!.!.! .!!...!! .!!.!... ..!..... .!!..!..
.!!.!..! .!!..!.! ..!..... .!..!!.! .!!.!... .!!..!.! ..!..... .!!.!!.!
.!!....! .!!...!! .!!.!... .!!!.!.. ..!..... .!!..!.. .!!....! .!!!..!! ..!.....
.!!!!.!. .!!!.!.! ..!..... .!!...!. .!!..!.! .!!!..!. .!!!..!! .!!..!.!
.!!!.!.. .!!!!.!. .!!..!.! .!!.!!!. ..!.!!!. ..!..... .!..!..! .!!...!!
.!!.!... ..!..... .!!!.!!. .!!..!.! .!!!..!. .!!!..!! .!!!.... .!!!..!.
.!!..!.! .!!...!! .!!.!... .!!..!.! ..!.!!.. ..!..... .!!.!!.! .!!..!.!
.!!.!... .!!!..!. ..!..... .!...!!! .!!..!.! .!!.!... .!!..!.! .!!.!..!
.!!.!!.! .!!.!!!. .!!.!..! .!!!..!! .!!!..!! .!!..!.! ..!..... .!!!..!!
.!!.!..! .!!.!!!. .!!..!.. ..!..... .!!.!... .!!.!..! .!!..!.! .!!!..!.
..!..... .!!.!!!. .!!.!..! .!!...!! .!!.!... .!!!.!.. ..!..... .!!!.!!.
.!!..!.! .!!!..!. .!!!..!! .!!!.!.. .!!..!.! .!!...!! .!!.!.!! .!!!.!......
,,,----—;;«»»»»»???????!!!!!!!....!...!.!---))((((((???